非标准的建筑拆解书

妙趣脑洞篇

广西师范大学出版社
·桂林·

赵劲松　林雅楠　著

图书在版编目（CIP）数据

非标准的建筑拆解书. 妙趣脑洞篇／赵劲松，林雅楠
著 .—桂林：广西师范大学出版社，2021.3（2024.1 重印）
ISBN 978-7-5598-3576-5

Ⅰ．①非… Ⅱ．①赵… ②林… Ⅲ．①建筑设计
Ⅳ．① TU2

中国版本图书馆 CIP 数据核字 (2021) 第 021119 号

非标准的建筑拆解书（妙趣脑洞篇）
FEIBIAOZHUN DE JIANZHU CHAIJIESHU〔MIAOQU NAODONG PIAN〕

策划编辑：高　巍
责任编辑：冯晓旭
助理编辑：马竹音
装帧设计：徐　豪　马韵蕾
广西师范大学出版社出版发行

（广西桂林市五里店路 9 号　　邮政编码：541004
　网址：http://www.bbtpress.com　　　　　　　　　）
出版人：黄轩庄
全国新华书店经销
销售热线：021-65200318　021-31260822-898
恒美印务（广州）有限公司印刷
（广州市南沙区环市大道南路 334 号　　邮政编码：511458）
开本：889 mm×1 194 mm　　1/16
印张：22.75　　　　　　字数：232 千
2021 年 3 月第 1 版　　2024 年 1 月第 2 次印刷
定价：188.00 元

如发现印装质量问题，影响阅读，请与出版社发行部门联系调换。

序

用简单的方法学习建筑

本书是将我们的微信公众号"非标准建筑工作室"中《拆房部队》栏目的部分内容重新编辑、整理的成果。我们在创办《拆房部队》栏目的时候就有一个愿望,希望能让学习建筑设计变得更简单。为什么会有这个想法呢?因为我认为建筑学本不是一门深奥的学问,然而又亲眼见到许多人学习建筑设计多年却不得其门而入。究其原因,很重要的一条是他们将建筑学想得过于复杂,感觉建筑学包罗万象,既有错综复杂的理论,又有神秘莫测的手法,在学习时不知该从何入手。

要解决这个问题,首先要将这件看似复杂的事情简单化。这个简单化的方法可以归纳为学习建筑的四项基本原则:信简单理论、持简单原则、用简单方法、简单的事用心做。

一、信简单理论

学习建筑不必过分在意复杂的理论,只需要懂一些显而易见的常理。其实,有关建筑设计的学习方法在两篇文章里就可以找到:一篇是《纪昌学射》。文章讲了如何提高眼睛的功夫,这在建筑学习中就是提高审美能力和辨析能力。古语有云:"观千剑而后识器。"要提高这两种能力只有多看、多练一条路。另一篇是《鲁班学艺》。文章告诉我们如何提高手上的功夫,并详细讲解了学建筑最有效的训练方法,就是将房子的模型拆三遍,再装三遍,然后把模型烧掉再造一遍。这两篇文章完全可以当作学习建筑设计的方法论。读懂了这两篇文章,并真的照着做了,建筑学入门一定没有问题。

建筑设计是一门功夫型学科,学习建筑与学习烹饪、木匠、武功、语言类似,功夫型学科的共同特点就是要用不同的方式去做同一件事,通过不断重复练习来增强功力、提高境界。想练出好功夫,关键是练,而不是想。

二、持简单原则

通俗地讲，持简单原则就是学建筑时要多"背单词"，少"学语法"。学不会建筑设计与学不会英语的原因有相似之处。许多人学习英语花费了十几二十年，结果还是既不能说，也不能写，原因之一就是他们从学习英语的第一天起就被灌输了语法思维。

从语法思维开始学习语言至少有两个害处：一是重法不重练，以为掌握了方法就可以事半功倍，以一当十；二是从一开始就养成害怕犯错的习惯，因为从一入手就已经被灌输了所谓"正确"的观念，从此便失去了试错的勇气，所以在做到语法正确之前是不敢开口的。

学习建筑设计的学生也存在着类似的问题：一是学生总想听老师讲设计方法，而不愿意花时间反复地进行大量的高强度训练，以为熟读了建筑设计原理自然就能推导出优秀的方案。他们宁可花费大量时间去纠结"语法"，也不愿意花笨功夫去积累"单词"。二是不敢决断，无论构思还是形式，学生永远都在期待老师的认可，而不是相信自己的判断。因为在他们心里总是相信有一个正确的答案存在，所以在没有被认定正确之前是万万不敢轻举妄动的。

"从语法入手"和"从单词入手"是两种完全不同的学习心态。从"语法"入手的总体心态是"膜拜"，在仰望中战战兢兢地去靠近所谓的"正确"。而从"单词"入手则是"探索"，在不断试错中总结经验、摸索前行。对于学习语言和设计类学科而言，多背单词远比精通语法更重要，语法只有在单词量足够的前提下才能更好地发挥矫正错误的作用。

三、用简单方法

学习设计最简单的方法就是多做设计。怎样才能做更多的设计，做更好的设计呢？简单的方法就是把分析案例变成做设计本身，就是要用设计思维而不是用赏析思维看案例。

什么是设计思维？设计思维就是在看案例的时候把自己想象成设计者，而不是欣赏者或评论者。两者有什么区别？设计思维是从无到有的思维，如同演员一秒入戏，回到起点，身临其境地体会设计师当时面对的困境和采取的创造性措施。只有针对真实问题的答案才有意义。而赏析思维则是对已经形成的结果进行评判，常常是把设计结果当作建筑师天才的创作。脱离了问题去看答案，就失去了对现实条件的理解，也失去了自己灵活运用的可能。

在分析案例的学习中我们发现，尝试扮演大师把项目重做一遍，是一种比较有效的训练方法。

四、简单的事用心做

功夫型学科还有一个特点，就是想要修行很简单，修成正果却很难。为什么呢？因为许多人在简单的训练中缺失了"用心"。

什么是用心？以劈柴为例，王维说："劈柴担水，无非妙道，行住坐卧，皆在道场。"就是说，人可以在日常生活中悟得佛道，没有必要非去寺院里体验青灯黄卷、暮鼓晨钟。劈劈柴就可以悟道，这看起来好像给想要参禅悟道的人找到了一条容易的途径，再也不必苦行苦修。其实这个"容易"是个假象。如果不"用心"，每天只是用力气重复地去劈，无论劈多少柴也是悟不了道的，只能成为一个熟练的樵夫。但如果加一个心法，比如，要求自己在劈柴时做到想劈哪条木纹就劈哪条木纹，想劈掉几毫米就劈掉几毫米，那么结果可能就会有所不同。这时，劈柴的重点已经不在劈柴本身了，而是通过劈柴去体会获得精准掌控力的方法。通过大量这样的练习，你即使不能得道，也会成为绝顶高手。这就是用心与不用心的差别。可见，悟道和劈柴并没有直接关系，只有用心劈柴，才可能悟道。劈柴是假，修心是真。一切方法不过都是"借假修真"。

学建筑很简单，真正学会却很难。不是难在方法，而是难在坚持和练习。所以，学习建筑要想真正见效，需要持之以恒地认真听、认真看、认真练。认真听，就是要相信简单的道理，并真切地体会；认真看，就是不轻易放过，看过的案例就要真看懂，看不懂就拆开看；认真练，就是懂了的道理就要用，并在反馈中不断修正。

2017 年，我们创办了《拆房部队》栏目，用以实践我设想的这套简化的建筑设计学习方法。经过三年多的努力，我们已经拆解、推演了三百多个具有鲜明设计创新点的建筑作品，参与案例拆解的同学，无论对建筑的认知能力还是设计能力都得到了很大提高。这些拆解的案例在公众号推出后得到了大家广泛的关注，许多人留言希望我们能将这些内容集结成书，《非标准的建筑拆解书》第一辑出版之后也得到了大家的广泛支持。第二辑现已编辑完毕，这次的版面设计做了全新的调整，希望能有更好的阅读体验。

在新书即将出版之际，感谢天津大学建筑学院的历届领导和各位老师多年来对我们工作室的大力支持，感谢工作室小伙伴们的积极参与和持久投入，感谢广西师范大学出版社高巍总监、马竹音编辑、马韵蕾编辑及其同人对此书的编辑，感谢关注"非标准建筑工作室"公众号的广大粉丝长久以来的陪伴和支持，感谢所有鼓励和帮助过我们的朋友！

天津大学建筑学院非标准建筑工作室　赵劲松

目　录

让　学　建　筑　更　简　单

如何神不知鬼不觉地在甲方眼皮底下抖机灵、玩空间，搞出功能复合还不多花钱

图1

名　称：南丹麦大学科灵校区教学中心（图1）
设计师：亨宁·拉森（Henning Larsen）
位　置：丹麦·科灵
分　类：教育建筑
标　签：中庭旋转，空间限定
面　积：13 700m²

世界上最难的事有两件：一是把自己的思想装进别人的脑袋；二是把别人的钱装进自己的口袋。前者成功了的叫老师，后者成功了的叫老板。两者都成功了的叫——建筑师。

为什么建筑系的学生总是才华横溢，但一进入工作单位就"泯然众人矣"？主要是因为新的游戏地图里开放了人民币玩家——甲方，江湖人称"创意粉碎机"。

可说句实话，身为甲方的各位"爸爸们"并不是和创意、才华过不去，更不是和你过不去（他可能都不知道你是谁），他们主要是和钱过不去。

而另一句实话是，就算甲方不差钱，他们也怕麻烦。那些"弯弯绕"的创意方案，每一个毛孔都散发着"不符合规范"的妖娆气息。那些所谓的艺术追求，在甲方眼中全是不稳定因素，随时可能"爆炸"。毕竟行走江湖，安全第一。

所以建筑师们，相信你们会有一千种方法把设计做得高端、大气、上档次，清新、时尚、国际范儿，你们创作的不仅是钢筋混凝土的史书，更是城市大型露天艺术品，甚至可以改写建筑教科书。但是，在做所有这些事之前，你们必须要具备"神不知鬼不觉地在甲方眼皮底下抖机灵、玩空间，且不多花一分钱"的技能，而这项技能大概率决定了设计能否实现。要知道，任何时候，"好的，我马上出图"都可以有效避免甲乙双方矛盾的白热化。

亨宁·拉森在进行南丹麦大学科灵校区教学中心的设计时，也经历了甲方的各种常规操作，但他就发动了"神不知鬼不觉"技能，悄咪咪地设计了空间（图1、图2）。

图2

室内空间长这样（图3、图4），一副标准的"杂志脸"。

图3

图4

南丹麦大学科灵校区教学中心选址在临近港口、车站和科灵河景区的科灵市中心区域，西边是已建成的科灵教育中心。基地看上去很规整，"人畜无害"，但其实暗藏玄机，步步是坑（图 5）。

图 5

甲方希望在基地里留出一个公共绿地，不但要与西边的教育中心共用，还要最大限度地共享科灵河景观。所以，看似规整的基地就被一分为二了，也就是说，实际的建筑用地只剩下一个三角形（图 6）。

图 6

在三角形基地里，方案的选择就少了很多。考虑到已经预留出了足够大的公共绿地，那么三角形体块就成了最优解（图 7、图 8）。

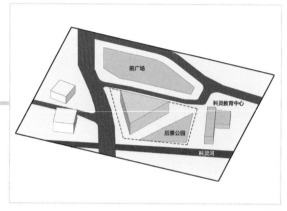

图 7

图 8

下面的问题就是如何在三角形体块里排布功能了。作为一个建筑生，这点问题还是难不倒我们的。计算面积、建筑分层、功能分区等操作都可以按部就班地进行。

将建筑按照面积分为六层，我们围着三角形的边来布置功能（图 9 ~ 图 11）。

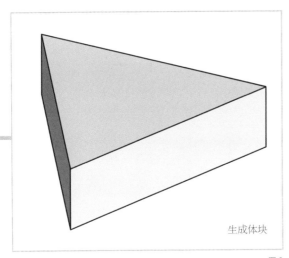

生成体块

图 9

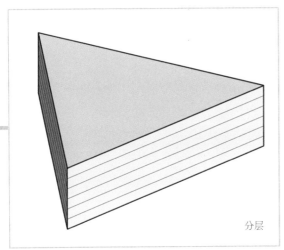

分层

图 10

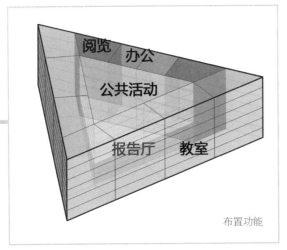

阅览 办公

公共活动

报告厅 教室

布置功能

图 11

如果三角形的平面进深过大，一般都会布置中庭。这个方案也不例外，根据周边房间布置的情况，刚好可以挖出一个稍有偏移的三角形中庭（图 12、图 13）。

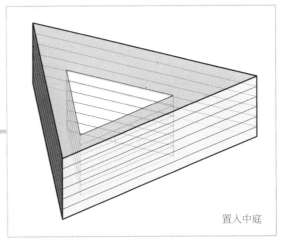

置入中庭

图 12

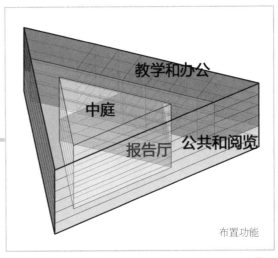

教学和办公

中庭

报告厅 公共和阅览

布置功能

图 13

看起来真是十分合理和完美了，再罩上一层参数化的呼吸表皮，这座建筑不仅可以马上建设使用，而且就算登个杂志什么的也已经很上相了（图 14、图 15）。

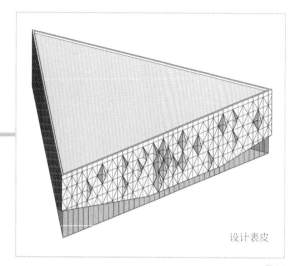

设计表皮

图 14

图 15

但在建筑师的认知里，只有表皮没有空间的建筑就像只有好看的皮囊而缺乏有趣灵魂的美人，虽然也能充充门面，却实在上不了台面。

可甲方已经花钱做了表皮，你确定要让他再砸钱来为空间买单？这个时候就只能发动"神不知鬼不觉地在甲方眼皮底下抖机灵、玩空间，且不多花一分钱"的技能来解决问题了。

神不知鬼不觉技能发动！发动咒语——"转一下"（图 16）。

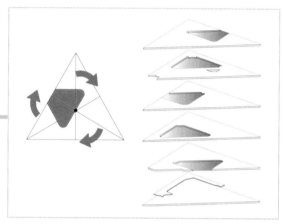

图 16

转出丰富空间！

转出多彩生活！！

转出人生巅峰！！！

更可歌可泣的是，这个招式并不局限于三角形平面，矩形、圆形平面皆适用（图 17）。

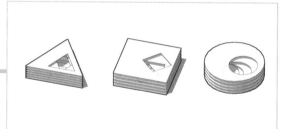

图 17

<u>画重点：如果你不会灵机一动，那请学会别人的灵机一动。</u>

我们来看一下这个方案具体是怎么转的。首层先逆时针旋转 60°，迎合门前广场做门厅，门厅后的空间做报告厅（图 18、图 19）。

二层中庭保持不动，上下层就形成了四个两层通高的半限定空间和一个全部通高的主要中庭。三层中庭顺时针旋转 60°（图 20、图 21）。

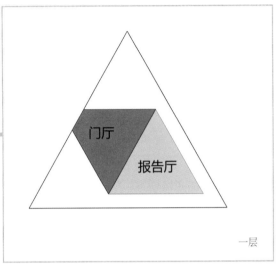

一层

图 18

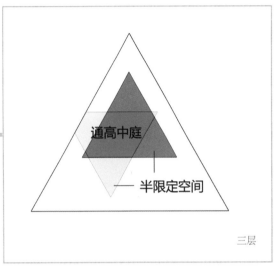

三层

图 20

一层

图 19

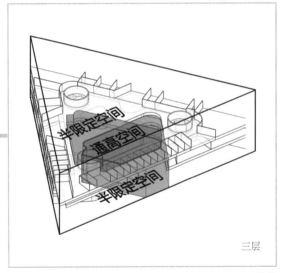

三层

图 21

转出来的空间很好用，依附在大中庭旁边、被四层中庭边缘限定出的空间，可以用作学习交流和独处的开放平台（图22、图23）。

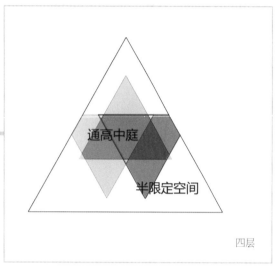

四层

图22

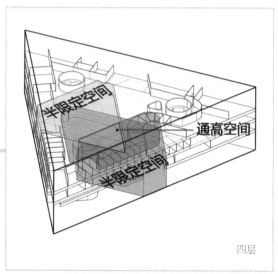

四层

图23

每层的中庭都旋转了60°之后，就得到了许多不同通高层数的空间，并且不同半限定空间之间的视线都可通过大中庭产生连通（图24）。

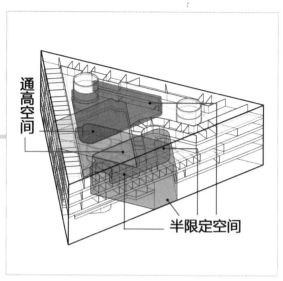

图24

中庭还是那些个中庭，面积也还是那些面积，只是转了一下之后，多出了很多很多的空间层次（图25~图28）。

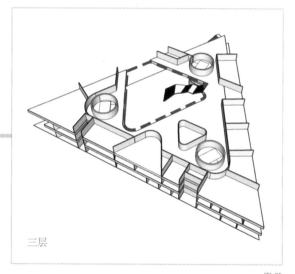

三层

图25

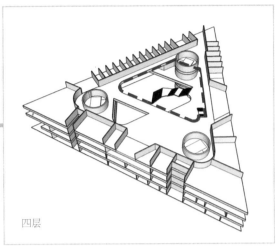

四层

图 26

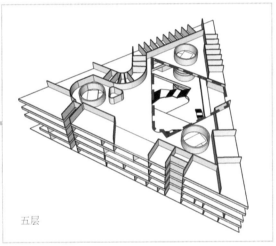

五层

图 27

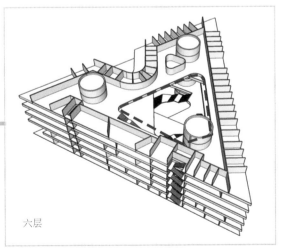

六层

图 28

最后，加入边庭，使中庭可以向外部环境渗透（图 29）。

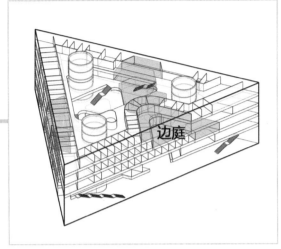

边庭

图 29

在此基础上加入公共楼梯，流线也自然随着旋转的中庭流畅了起来。在等边三角形的三个顶点处置入三个交通核，无论中庭怎么旋转，平台都有交通核与之连接（图 30）。

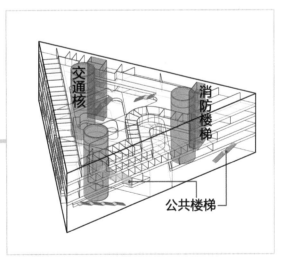

交通核

消防楼梯

公共楼梯

图 30

再盖上采用了与内部空间同样的构图元素的三角形呼吸表皮，建筑就完成了。乍一看和进化前的建筑没什么两样，但是内部空间已经丰富得让人嫉妒（图 31、图 32）。

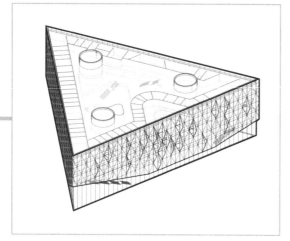

图 31

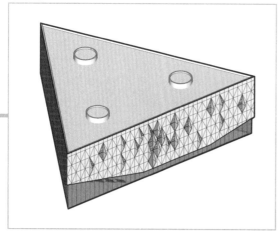

图 32

重点是，这样进化后的建筑拥有一个不"浪费"的空间，更不会增加预算。中庭还是那个中庭，只是抖了个机灵，就成了网红（图 33 ~ 图 37）。

图 33

图 34

好了，最后再复习一下：这个招式是什么？转一下！

虽然我们不知道建筑师到底是怎么鬼使神差地想出这招儿的，但既然他已经想出来了，我们就不要浪费了。答应我，下次记得用，好吗？

图 35

图 36

图 37

图片来源：

图 1 ~ 图 4、图 8、图 15、图 16、图 33 ~ 图 37 来源于
http://www.iarch.cn/thread-27293-1-1.html，其余分析图为
作者自绘。

END

建筑学虽然拖拉，却从不缺席

图1

名　称：赫尔辛基中央图书馆竞赛方案（图1）
设计师：Radionica Arhitekture 事务所
位　置：芬兰·赫尔辛基
分　类：图书馆
标　签：体块，错动
面　积：16 500m²

一百年以来,建筑学只擅长两件事:一拖,再拖。我说的是建筑学,不是建筑师(建筑师除了一拖再拖,还擅长熬夜和长胖)。

这大概是现代主义以来的建筑学的一个最大的特点,说得学术点儿叫"建筑的滞后性",说白了就是拖延症。临床症状具体表现为:在各大艺术门类一起玩耍时,建筑学这位小同学总是反应最慢的那个,基本上是人家玩剩下了他才开始玩。比如,蒙德里安已经声名鹊起了,他才开始弄风格派;又比如,波普运动都如火如荼了,他才进入后现代主义。即使前卫如哈迪德,起先也是追着解构主义跑的主儿。

建筑学不仅反应慢,而且行动也慢。就算各大门派的小同学们都统一发卷考试,写诗玩音乐的说不定一拍脑门儿就交卷了,画画、跳舞的慢一点儿,估计有几个月也差不多齐活儿了,再看看咱们的建筑小同学,一个建筑从方案到建成,一年两年那是快的,十年八年都是有的,百八十年也有可能。总之,等它建完了,再前卫时尚的黄花菜也都"凉凉"了。

怪不得矶崎新要说,建筑自建成之日始就已经死了。但矶崎新也未免有点儿太悲观,建筑学虽然拖拉,却从不缺席。

有灵感了就做设计,没有灵感就等一会儿再做设计。世界复杂难懂,有人热衷于披荆斩棘、解题指路,有人只想安静旁观、记录本真。从石头的史书到钢筋混凝土的说明书,建筑一直

都是时代最忠实的记录者。即使没他什么事儿,他也要倔强地硬记上几笔。比如,磁悬浮。

你以为能磁悬浮的只有列车?那还是贫穷限制了你的购买力(图2)。

图2

但就目前来看,"磁悬浮"这事儿和建筑关系不大。当然未来很难说,房子都飘在空中也说不准。可不管怎么说,"悬浮"作为人民群众的一大追求是没跑了。所以,悬浮的建筑也不会缺席太久。就像下面这个赫尔辛基中央图书馆竞赛的获奖作品(图3、图4)。

图3

图 4

肉眼可见，这个方案就是一堆木头盒子悬浮在一个玻璃盒子里。当然，这肯定不是什么磁悬浮技术，鬼都骗不了——那么多根柱子都杵在那儿呢。但是，这个悬浮方案的设计逻辑却和磁悬浮技术异曲同工。什么是磁悬浮？说白了就是用磁力克服重力，让物体浮起来。也就是说，悬浮的空间就是磁力的支撑空间，我们看到的列车或者别的什么悬浮着的物体都只是一个结果，真正产生作用的是那些看不见的空气。

同理，在这个悬浮方案里，建筑师真正设计的也是看不见的空气，那些飘浮的盒子也只是一个结果（图 5）。

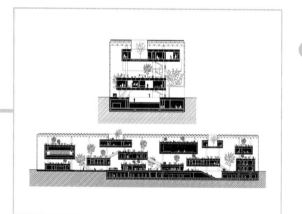

图 5

画重点：看得见的东西要设计，如空间；看不见的东西也要设计，如空气。我们来看一下建筑师是怎么设计"空气"的。

第一步：划分空间网格

根据建筑用地，我们先拉一个最简单的长方形体块（图 6）。

图 6

然后将这个体块划分成空间网格，划分的原则就是保证每个单元块都能作为一个完整的空间单独使用。这个方案选取了 25m×36m×5m 的尺度，基本上是一个最小的公共建筑的体量（图 7 ~ 图 9）。

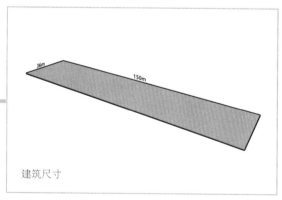

建筑尺寸

图 7

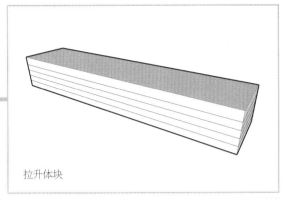

拉升体块

图 8

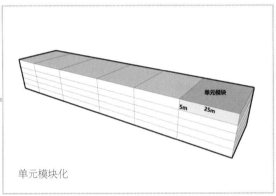

单元模块化

图 9

第二步：摆放空气块

通常情况下，我们在划分了网格之后就要根据网格来摆放功能块。但在这个方案里，我们要设计的是"空气"，所以我们要摆放的是"空气块"而不是"功能块"。摆放的位置其实相对随意，网格的优势就是无论怎样摆都能保证可以使用，这个方案里唯一追求的就是水平方向上的连通。

画重点：无形还是有形，这并不是客观属性，而是主观判断，你要设计什么，什么就是有形。中国画中的"计白当黑""气韵生动"说的就是这回事儿（图 10 ）。

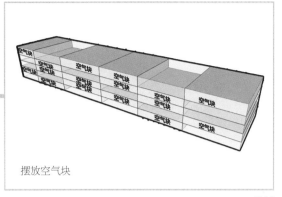

摆放空气块

图 10

第三步：插入垂直空气块

这一步其实就相当于正常操作里的插入交通核（图 11 ）。

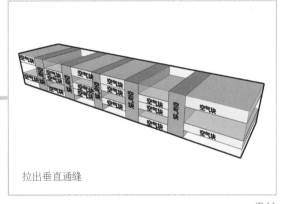

拉出垂直通缝

图 11

第四步：打通空气块

空气毕竟是空气，我们设计摆放的这一切原本就是一个整体（图12）。

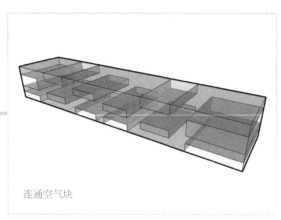

连通空气块

图12

第五步：反转

连通的空气块就是建筑的虚空间，而剩下的部分则是功能空间，于是就出现了一个个盒子飘浮在空中的效果（图13）。

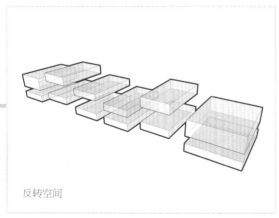

反转空间

图13

第六步：开始布置真正的功能

根据功能面积的需求调整实体空间的大小（图14～图18）。

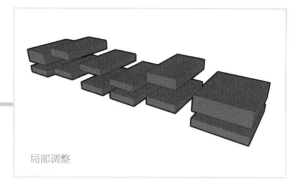

局部调整

图14

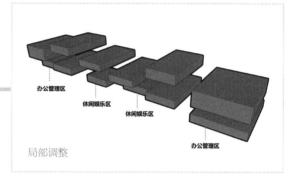

办公管理区
休闲娱乐区
休闲娱乐区
办公管理区

局部调整

图15

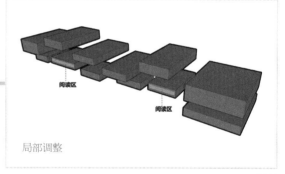

阅读区
阅读区

局部调整

图16

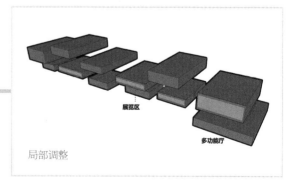

展览区
多功能厅

局部调整

图17

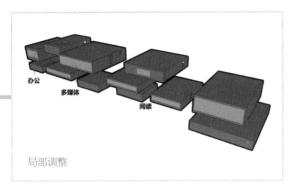

局部调整

图 18

第七步：布置真正的交通

在功能空间之间插入垂直疏散交通（图 19）。

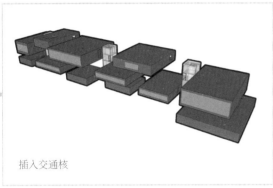

插入交通核

图 19

同时为了方便管理两边的办公人员，在每一层的疏散楼梯两边各布置一条直线形的长廊（图20）。

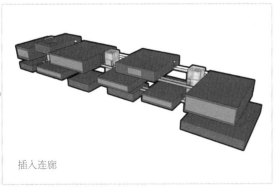

插入连廊

图 20

第八步：插入楼梯

在每两个相邻的盒子的顶部插入楼梯，使每一个飘浮的盒子都互相连通（图 21）。

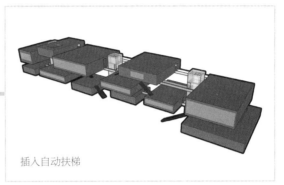

插入自动扶梯

图 21

第九步：插入结构柱和表皮

插入结构柱并罩上玻璃幕墙（图 22、图 23）。

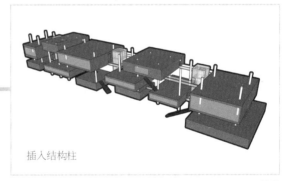

插入结构柱

图 22

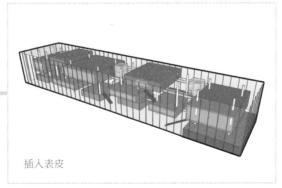

插入表皮

图 23

至此，这个悬浮方案就全部完成了。虽然没有磁悬浮的技术，但我们依然可以用磁悬浮的思维逻辑来创造新的建筑。

<u>画重点：技术没达到的地方，思维可以先到。</u>
虽然我们拆房拆得很是"傲娇"，但事实上，这个方案充满了求生欲。我们把基地范围放大看就知道了（图24）。

图 25

图 24

图 26

这是一个什么"神仙周边"？史蒂夫·霍尔的赫尔辛基博物馆（图25）、阿尔瓦·阿尔托的芬兰迪亚大厦（图26）和赫尔辛基音乐厅（图27）。在这个充斥着大师经典作品的基地里，你"应该"做一个什么样的设计才能致敬经典、呼应环境或者颠覆传统？

不，什么都不是你"应该"做的，你只应该做自己。就像你的爷爷喜欢穿中山装，你的爸爸喜欢穿夹克衫，那么你应该穿什么衣服？当然是爱穿什么就穿什么啊。

图 27

如果说阿尔托的建筑是"50 后",好比生在新中国,长在红旗下,那么霍尔的建筑就是"80后",改革春风吹满地,也算是赶上好时候了。而今天做悬浮方案的 Radionica Arhitekture 事务所则无疑是伴着互联网成长起来的"00后"了,他们认识的这个世界是碎片的、不确定的,却又是互相连通的,这是他们熟悉的,也是他们想表达的。

从功能的角度来看,这个方案或许不合理;从空间的角度来看,这个方案或许太直白。但是从时代的角度来看,这个悬浮方案就是这个时代该有的设计。

建筑是门拖拉的艺术,总爱迟到,却绝不会缺席于时代。

图片来源:

图 1、图 3 ~ 图 5 来源于 https://www.gooood.cn/helsinki-library-by-radionica.htm,其余分析图为作者自绘。

END

请寻找一位不胡扯、不吹牛

就能中标的建筑师

图1

名　　称：吉宝湾码头俱乐部（图1）
设计师：UNStudio
位　　置：中国·中山
分　　类：酒店
标　　签：管空间，观景
面　　积：30 151㎡

每个渣男在见妹子时，都在讲爱情；每个建筑师在见甲方时，也都在讲 "爱情"。

"这是我见过最有趣的项目，也是我们院今年最重要的项目，我们会配备最强团队打造精品。"

"我简直太喜欢这块基地了，您放心，我一定给您打造一个世界一流的建筑。"

"这是我为咱们这个项目专门设计的空间，这种体验是独一无二、绝无仅有的。"

"咱们这个建筑就是奔着得奖去的，建成后肯定拿奖拿到手软。"

…………

当然，你懂的。方案可能已经卖过了 8 个甲方都没卖出去；花里胡哨的造型大部分都是实习生的手笔；独一无二的空间就是 "借鉴" 了某个不知名小事务所的设计；至于得奖——我自己有几斤几两我心里还没有点儿数吗？

说白了，撩甲方和撩妹一样，开局一张嘴，故事全靠编，睁眼说瞎话，套路得人心。

而非标准作为一个彻底放飞自我的工作室，一大爱好就是拆穿各大建筑事务所的套路。比如，已经被拆了好几次的 UNStudio。

我们说过："UN 有三宝，蝴蝶、飞镖、三叶草。"

蝴蝶流线：新西兰蒂帕帕国家博物馆（图 2）。

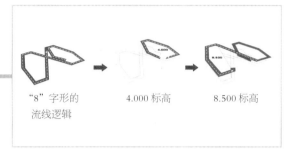

图 2

飞镖流线：芝加哥电影和电影技术博物馆（图 3）。

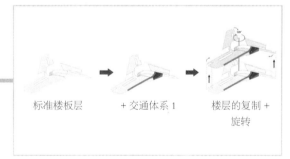

图 3

三叶草流线：梅赛德斯 – 奔驰博物馆（图 4）。

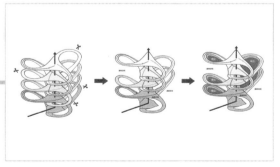

图 4

虽然 UNStudio 的三大法宝很厉害，可还是有套不上的时候。套不上的时候怎么办？没有万能套路的建筑师不足以谈人生。今天就要说说 UNStudio 的万能套路。

得罪了，本·范·贝克尔(Ben van Berkel)先生。

1. 使用套路的前提是你有这个自由

我们都知道，UNStudio 的看家本领是玩交通，也就是说他们设计的起点大多来自交通。但是，玩交通只能算个人爱好，不是所有甲方都吃这一套。所以，使用套路之前得先看看甲方这个项目到底有没有发挥个人爱好的机会。

比方说有这样一个任务书：

要在中国广东省中山市西江沿岸建造一个码头俱乐部，主要功能是社交、商务、休闲等。那机会可就来啦。为什么？社交、商务、休闲具体来说就是餐厅、咖啡、会员中心、水疗中心、健身房、KTV、客房，等等，一言以蔽之：自由极了。

你就说你做个什么形状的餐厅不能吃饭？长条儿的行不行（图 5 ）？圆的行不行（图 6 ）？三角形的行不行（图 7 ）？

图 5

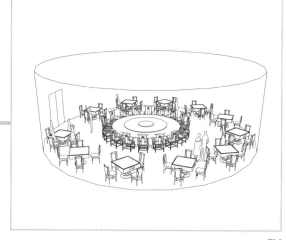

图 6

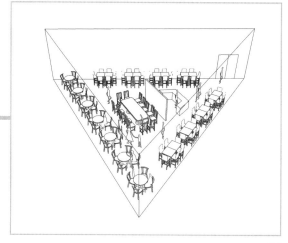

图 7

另外，这些功能之间的流线自由极了。从餐厅出来去哪儿不行？健身房还是KTV，完全看心情。所以，同样是解读任务书，也许你只关心功能面积，可UNStudio却是为了寻找隐藏关卡。空间形状可以随便玩啊，流线可以随便布置啊！从一楼的某房间玩够了出来之后就直奔四楼的另一个房间接着玩。没毛病！这样的交通空间请给我来一打！

2.套路的核心是你要套路住的人的内心

也许嗅到了"自由"气息的建筑师有很多，但最终能成功套住甲方的，总是那么少。因为只顾自己自由的建筑师是无法明白甲方的真心的。

①确定建筑体块
首先我们应该认真看看甲方好不容易拿下的地（图8）。

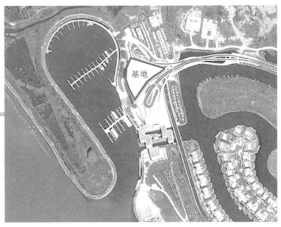

图8

这是一块三角形地块，为了把地充分用起来，建筑十有八九也得是三角形的了。此时有些建筑师按捺不住了，先把功能塞满，再编个故事，如"帆影重重"之类，就以为大功告成了（图9）。

大错特错！基地周围360°处处是山和水，既然甲方选了这么一块地，你猜他想不想好好看风景呢？

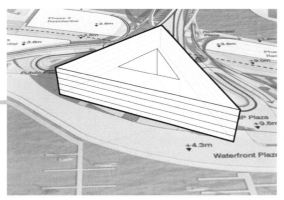

图9

②定点
UNStudio把故事编到甲方的心里去了——360°观景。先在体块各个面的不同高度上设置一些观景框（图10）。

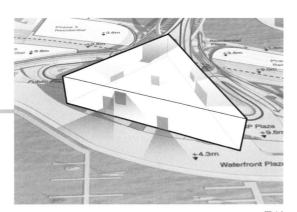

图10

其中，临江主立面较长，且是观景的主要一面，因此分布的观景点最多。但是这时候，如果你直接把观景区域做成一个个独立的内凹平台，问题就又来了——这些观景区域只不过是一堆互相孤立的普通露台，人们在转换观景面的时候，就只能自己去寻找上下楼层和前往其他露台的路线（图11）。

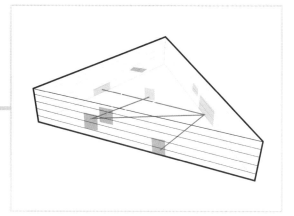

图12

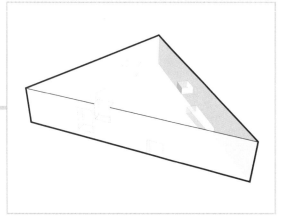

图11

图13

③连线

还记不记得我们之前说过，这个建筑的功能与流线"自由极了"？因此，现在自由的流线要找到自己的任务了，那就是把观景点穿起来，为人们提供流畅的观景体验，顺便连一下功能空间。具体怎么穿呢？自然是在每条流线上，保证各个方向各取一个点，再将三点连成一条折线（图12）。这样一来，在甲方欲穷千里目的同时，又能更上一层楼。这么好的寓意，甲方还不赶紧掏钱（图13）？

④曲化

由于各个端点常常不在同一个层高上,导致这些折线存在坡度。这是供人在室内行动的交通空间,不是滑梯,过于倾斜是没法用的,因此,要把这些折线曲化(图14)。

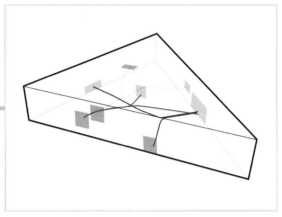

图14

选择突变集中区域,在此处用楼梯连接不同层造成的高差,然后其余部分尽力保持平顺。最后,将整个变化统一用光滑的曲线处理(图15)。

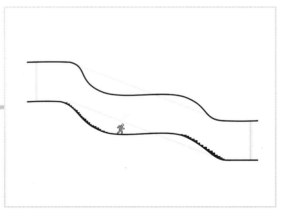

图15

⑤管道化

现在,流线布置好了,但二维线条是不适合建筑的。将二维线条变为三维空间的处理手法就是管道化。说白了,就是变粗,让它们有了体积(图16)。

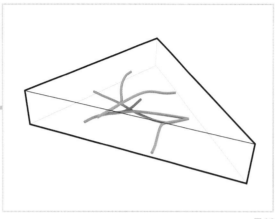

图16

按照这个操作原理,把之前布置好的空间曲线转化为堆叠的管道空间。这些方管空间以有机扇叶的形状向外辐射,从而使观景面积最大化,形成多角度观景的效果(图17)。

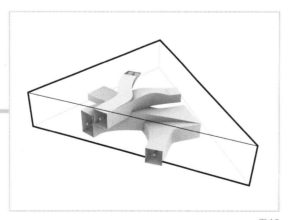

图17

⑥疏通

流线也有了，管子也准备好了，接下来就是把这些管子连通起来，成为一个流动空间。

把这三组管子进行布尔运算，取其并集，使得三组"人"字形管子合体成一个形状不规则的空间怪物。然后用建筑体块减去这个空间怪物，从而获得一个"之"字形曲折向上的弯折中庭（图18～图21）。

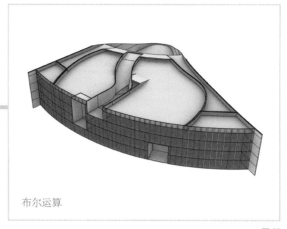

布尔运算

图20

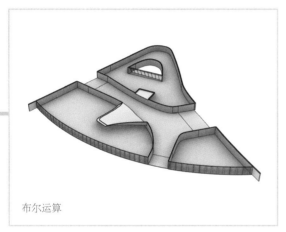

布尔运算

图18

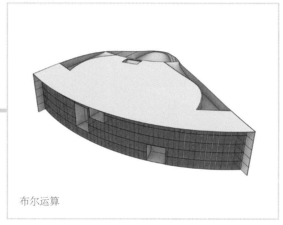

布尔运算

图21

这样不仅使视线互相渗透，促进建筑各层的视线交流。而且，夏季这个中庭的漏斗空间自然通风，为室内空间源源不断地带去凉爽的微风，起到节能减排的作用（图22）。

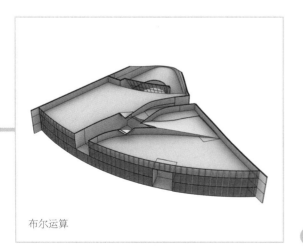

布尔运算

图19

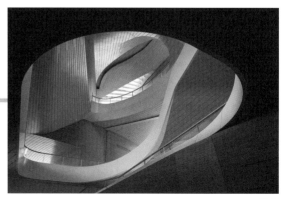

图22

接下来再把功能塞进去（图23～图27）。

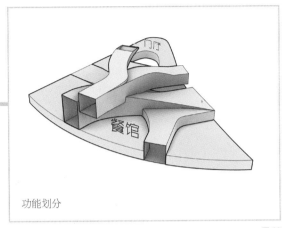

功能划分

图 23

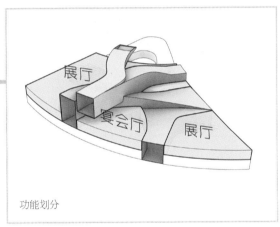

功能划分

图 24

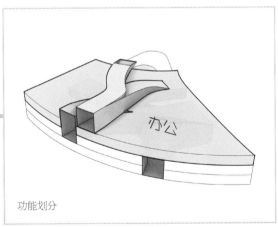

功能划分

图 25

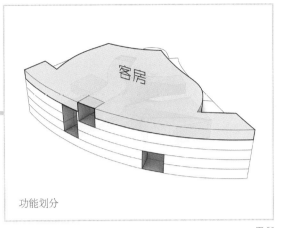

功能划分

图 26

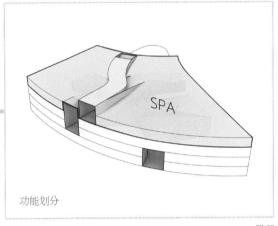

功能划分

图 27

3. 套路的实现需要——见人说人话

好了，玩也玩够了，个人爱好也发挥了，是时候给甲方一个为这烧脑又烧钱的方案买单的理由了吧。

你打算怎么跟甲方解释呢？如果你说："报告甲方，我做了一个酷炫的流动空间，复杂极了，为了让我出名，你一定要建出来啊！"你猜甲方会用左脚还是右脚把你踢出去呢？你看看人家UNStudio是怎么兜售自己方案的。如有需要，请自觉背诵。

"微风通过一定的引导穿过建筑物能够有效地为室内空间降温，这个设计手法在项目中以隐喻的方式表达出来。穿梭在漏斗空间内部的风能让你感受到气流在室内围绕着你旋转（图28）。"

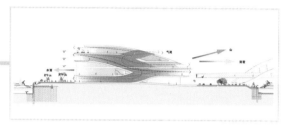

图28

当然，针对不同性格的甲方还有不同版本的文案：

①务实型甲方
建筑身处潮湿炎热的中国广东省中山市的西江沿岸，而我们的方案空间通透，可以营造良好的通风环境。不仅有凉爽的"穿堂风"，还有一个"之"字形曲折向上的弯折中庭，可以带来更好的垂直拔风效果，并且隐喻各位扶摇直上、平步青云。

②文艺型甲方
这是一个滨江的码头俱乐部，在室内就能轻易看见室外的风景，建筑内外都是充满着露水味道的河风，内外完美交融与渗透，还有比这更诱人和浪漫的建筑吗？而顾客来这里用餐或者做水疗时，进出不同的房间，走的也不再是单纯的走道，而是在江景中穿梭。你在看风景的同时，也成了别人的风景。这里必将是网红打卡胜地（图29）。

图29

4. 套路的伪装——最后皮一下

既然核心空间与红线已经联手搞定了建筑形体，那么为了保持形体逻辑的一致性，建筑表皮的形态也就顺着核心空间的逻辑顺水推舟，完美收官（图30）。

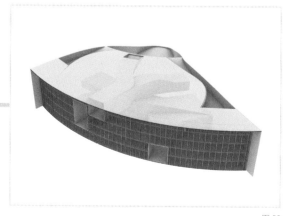

图30

为了通风，这些条形空间的两个端头自然是不能封上，因此变成了灰空间。而建筑的其余部分则封上了玻璃幕。这种操作不仅构成玻璃面与方形洞口的虚实呼应，也暗示了内部空间生成逻辑的贯通性。

这就是UNStudio设计的吉宝湾码头俱乐部（图1、图31、图32）。

图31

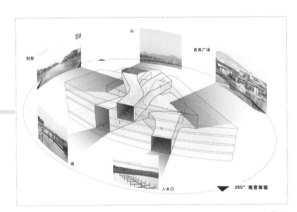

图32

UNStudio以交通为设计起点的"万能四步走"套路，总结起来就是：找线变管道，疏通皮一下。

找线：流线、视线、通风线。

管道化：把之前找的线变成方管状的条形空间。

疏通：靠得特别近的地方直接打通、合并，说不定就能贯穿出一个酷炫的中庭。

皮一下：把条形空间的两个端头变成灰空间，其余地方封上玻璃幕。

自古深情留不住，只有套路得人心。我们不反对套路，这本质上是建筑师个人风格的成熟和固定，我们更不反对套路甲方，毕竟隔行如隔山，给甲方一个理由心甘情愿地买单不好吗？但这一切的前提是我们能做出设计优秀的方案，否则，套路只能是为虎作伥的皮，而不是曲线救国的计。

图片来源：

图1、图13、图22、图28、图29、图31、图32来源于https://www.archdaily.com/897882/marina-clubhouse-unstudio?ad_source=search&ad_medium=search_result_projects，其余分析图为作者自绘。

END

一分钟纯手工立面生成法

图1

名　称：特拉维夫拱廊高层住宅（图1）
设计师：槃达（Penda）建筑事务所
位　置：以色列·特拉维夫
分　类：公寓住宅
标　签：构成立面
面　积：21 000m²

在讨厌做立面这件事儿上，我是认真的，我是有充足理由的。

首先，在推敲完所有形态、功能、交通布局之后，我基本已经快交图了，实在没时间再去设计立面。

其次，在推敲完所有形态、功能、交通布局之后，我基本已经要休克了，实在没脑子再去设计立面。

第三，在推敲完所有形态、功能、交通布局之后，我觉得方案已经太完美了，实在没有什么立面可以配得上我的方案。

好吧，我编不下去了。

事实是，因为我懒，且不会参数化，也懒得学，主要是也学不会。像这些立面，好看是真好看，炫酷也是真炫酷，但就是有一个问题：我不会做（图2）。

图2

可我为什么还没被老板开除呢？因为我还有一个法宝，那就是我封存多年的构成作业。

还记得那年春天，教构成的老师让我交两百个平面构成，现在想起来简直恍若隔世，而我也从未如此感谢那份让我画了好几个通宵的构成作业。是不是印证了那句话，你付出的努力最终都会回报给你，或早或晚。我的构成作业，现在就是你回报我的时候啦。

首先，让我们挑出一张看着顺眼的平面构成图（图3）。

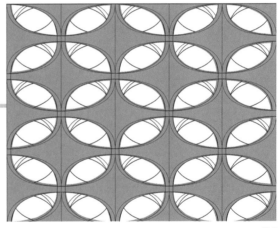

图3

然后给它一个力，因为它已经是一个成熟的构成了，应该会自己做立面了（我瞎说的，它当然不会做）。

首先，我得给它指定一个受力点。我们先找到基本图案元素的中心，建议选基本图案的中心点，或者说边界点——无所谓，都一样（图4）。

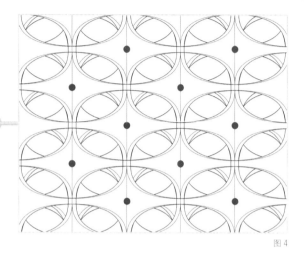

图4

然后，垂直于纸面给一个让图案成90°转角的力（图5）。

图5

这样立面就做完啦！不信换个视角看看（图6）。

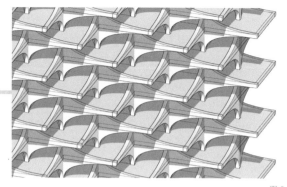

图6

这可不是什么玄学，而是马上要投入施工的槃达建筑事务所设计的特拉维夫拱廊高层住宅（图7、图8）。

图7

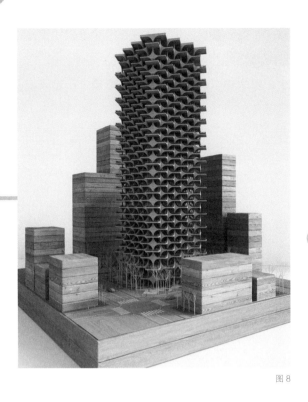

图8

整个建筑的设计思路都是从立面出发，典型的功能追随形式的设计案例。这样形成的空间也不能说不好用，也算实现了设计师空中花园的构想，但也形成了一些特殊的空间：比如，有遮阳的灰空间和没有遮阳的露台空间，上下楼层的居民可以在拥有私密空间的同时进行视线交流（图9）。

图9

然后，再按照立体构成的基线生成网格（图10）。在网格中布置平面，这种平面其实就很自由了。

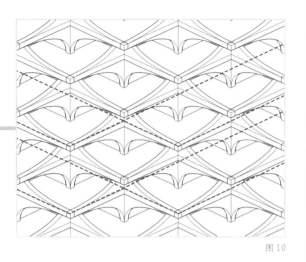

图10

在这个案例中，由于构成中存在两种序列，平面也呈现两种标准层，每层平面都布置了三种不同的户型以供选择，各个房间可以通过室外露台穿梭互通（图11）。

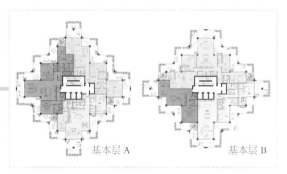

基本层 A　　　　　　基本层 B

图11

建筑的结构完全由内部的核心筒和周围两圈柱子组成。两圈柱子分别来自构成图案的中心点和图案与图案水平交点。柱子、墙壁和楼板都通过构成图案连成一体，让整座建筑浑然天成（图12）。

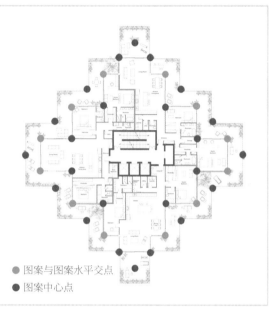

● 图案与图案水平交点
● 图案中心点

图12

至此，这个方案就算完成了。

建筑位于特拉维夫，一个地中海气候的以色列城市。充足的日晒等优越的气候条件使得建筑的四面朝向都能得到阳光，用构成生成一个立面直至整个建筑的方法简直就是——完美。

还有一个问题，这样的平面只能布置住宅吗？当然不是。

这座建筑的首层和二层都是公共区域，顶楼是双层公寓。这就是模块化设计的建筑的优势：

万能平面，童叟无欺。面积除了可以自由变化，甚至还可以根据需求随意搭配，任意组合。比如，我想要一座双子塔，只需要拼合两种平面，将重叠部分做成核心筒就刚刚好（图13）。

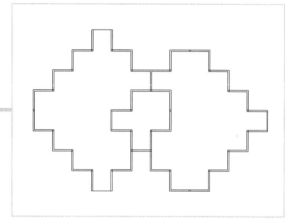

图13

最后看一下官方的生成图（图14～图17）。

图14

图 15

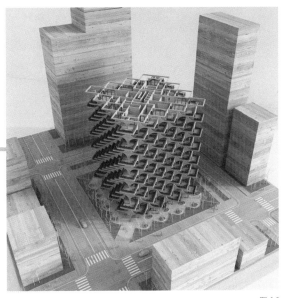

图 16

图 17

为了验证这一手法是否好用，我从自己积灰的本科作业里挑出了几张构成图试验了一下（请忽略我平凡的构成能力）。构成作业如下，普通得不能再普通了（图 18）。

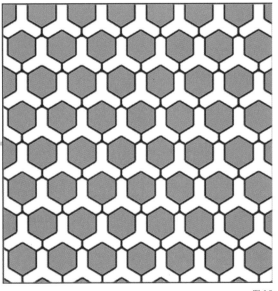

图 18

首先，找到受力点（图19）。

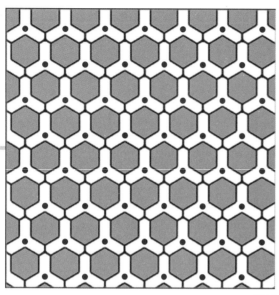

图19

然后，给一个垂直于纸面使图案成90°转角的力，这样就做完了（图20、图21）。

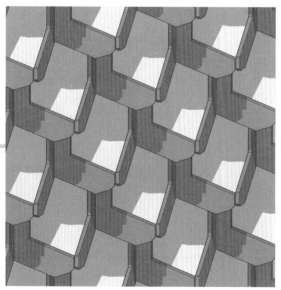

图20

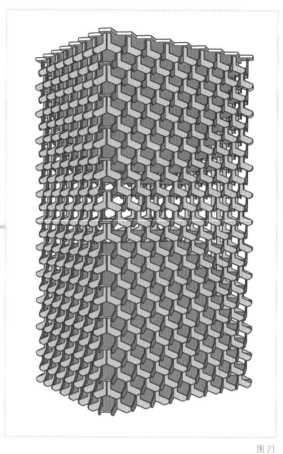

图21

同样的图案换一种组合方式试一下（图22）。

图22

加受力点（图 23）。

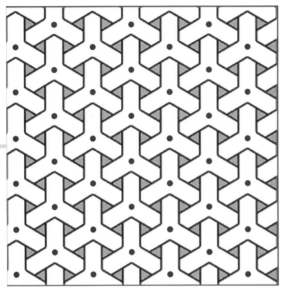

图 23

搞定（图 24）。

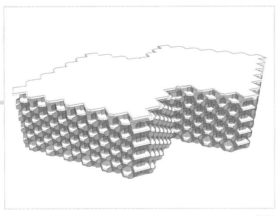

图 24

再换一个铜钱构成，祈祷财源滚滚（图 25、图 26）。

图 25

图 26

又搞定了。

我觉得这个立面一定能卖出去（图 27）。

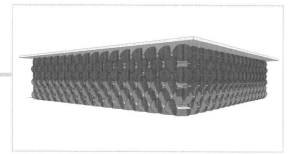

图 27

说实话，用了这种手法，感觉一夜出十个立面不是梦想。

你大概还有一个疑问：那我直接用平面构成做立面就好了呀，何必还要多此一举？那我问你，你平面构成能打过人家参数化吗？你打不过的。可参数化表皮再酷炫也是二维立面，你用三维立面去打二维立面，这叫降维打击。

当然，在设计领域，任何手法都没有绝对的优劣之分，但手法就像英文单词，不会背就永远不会用。并且值得注意的是，在这样以形式为出发点的设计中，必然会出现与功能冲突的一些矛盾，还需慎重选择。

不过既然选择了，那就一条路走到黑吧。

拆房部队敲黑板：
1. 一般情况下，立体的比平面的好，动态的比静止的好。

2. 念过的书、上过的课都是宝藏，闲着没事儿多挖挖。

3. 学建筑就像学英语，多背点儿单词总没错。

图 28

图 29

图 30

图片来源：

图 1、图 7、图 8、图 14 ~图 17 来源于 https://www.gooood. cn/tel-aviv-arcades-by-penda.htm，图 28 ~图 31 来源于 http://www.archcollege.com/archcollege/2018/07/40859.html，其 余分析图为作者自绘。

END

图 31

多重人格建筑师诊断报告

图1

名　称：休斯敦艺术博物馆（图1）
设计师：史蒂文·霍尔（Steven Holl）
位　置：美国·休斯敦
分　类：博物馆
标　签：光
面　积：约15 236m²

按照心理学的说法，每个人的内心都有 3 种人格状态：内在父母、内在小孩、内在成人。这 3 种人格同时住在我们的身体里，并且会交替出现。

按照建筑学的经验，每个建筑师内心都至少有 8 种人格状态：内在画图狗（不解释）、内在哲学家（每个建筑师都热爱思考人生）、内在艺术家（不解释）、内在天才（每个建筑师都觉得自己是天才）、内在黑客（每个建筑师都熟练掌握 5 种以上软件）、内在"中二"（BIG 建筑事务所走红后，此种人格的控制力持续增强）、内在"传销头目"（每次汇报现场都像销售现场）、内在工头（施工现场是此种人格的主场），等等。这些人格同时住在建筑师的身体里，并且会交替出现。

多重人格的直接影响就是——选择困难。一般人的选择困难是因为穷，建筑师的选择困难是真的选择困难，毕竟花的也不是自己的钱。

拿到任何一份任务书后，建筑师的各种人格都要大战几百回合。比方说接到了建筑师最喜欢设计的博物馆的任务书，艺术家人格最先兴奋：要为城市奉献一座伟大的艺术品！哲学家人格马上反对：我们要思考历史的厚度和温度。天才人格永远自信：我的设计理念是宇宙级的！黑客人格想：这回得用上最新的软件。"中二"人格打算用这个方案拯救失足青少年。传销人格已经想好了"花开富贵""扬帆起航"等好几个意向。工头人格觉得施工不能太难，一定要控制好造价才现实……

当然，通常最后都是由画图狗人格来结束战局：各位大佬，马上要交图了。

要我说，与其天人交战浪费时间，不如让每个人格都发挥一下。像下面这块位于美国休斯敦的基地要建一个博物馆，南面是老休斯敦博物馆，西面是一个艺术学校，剩下还有三个校园教会（图 2）。

图 2

"中二"人格既然想用博物馆拯救校园失足青年，那就得让这座建筑成为活跃的社交场所。"中二"人格的想法是设计一个庭院系统来吸引各个方向的人流，将建筑沿着基地的形状进行抬升（图 3）。

图 3

然后在建筑的每一条边上为每一股人流都切分
出一个庭院（图4）。不怕人流多，有多少切
多少，"中二"少年就是这么热血！

图4

所有的庭院相互独立，自成系统，而且自然地
将建筑形体切分成了若干个部分（图5）。

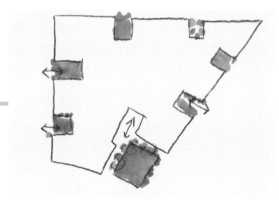

图5

按理说下面就该布置内部功能了，这时就不能让
"中二"人格来洒热血了，不然甲方的血压非得
"热血"了。还是交给画图狗人格来合理布置吧。

一层为公共活动部分，二层为普通展厅，三层
为特殊展厅，中间再挖个中庭。中规中矩，没
毛病（图6～图9）。

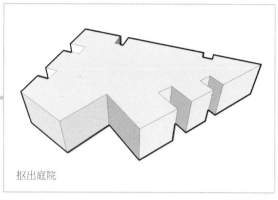

抠出庭院

图6

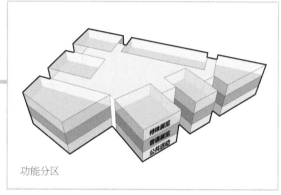

功能分区

图7

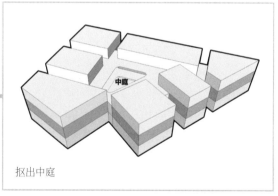

抠出中庭

图8

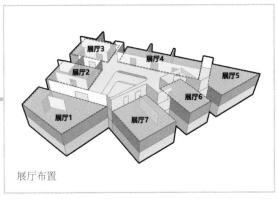

展厅布置

图 9

但作为一座博物馆，太中规中矩也就没意思了，所以，让艺术家人格来创造件艺术品吧。

光，是属于上帝的艺术。

下面这一步完全来自艺术家的想象力，没有理由，艺术也不需要理由。这是"画图狗"设置的展览流线（图10）。

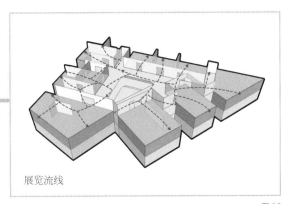

展览流线

图 10

<u>画重点</u>：艺术家将流线变成了光线（图11～图13）。

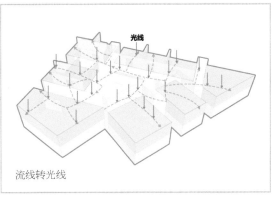

流线转光线

图 11

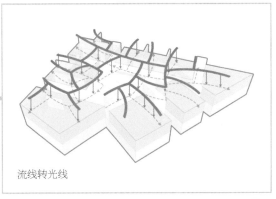

流线转光线

图 12

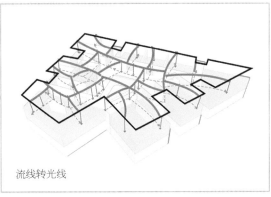

流线转光线

图 13

那么，问题来了：光从哪儿来？当然是从天上来。

光线重新切割了屋顶形态。因为博物馆需要开高侧天窗，所以屋顶沿着光线的痕迹开侧天窗（图14、图15）。

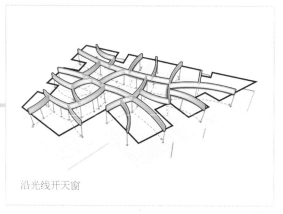

沿光线开天窗

图14

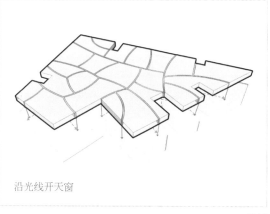

沿光线开天窗

图15

于是，屋顶自然出现了高低错落，之后对分割出的每块屋面进行起翘造型设计（图16）。

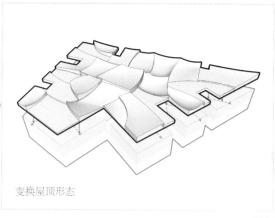

变换屋顶形态

图16

同时曲面天花板下缘形成光反射板，将光线汇聚到一起，并反射到展厅的各个角落（图17）。

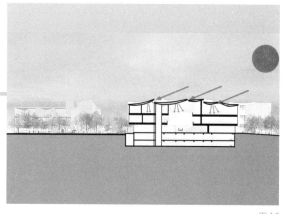

图17

好，让我们为艺术家的伟大艺术鼓掌！

鼓完掌说点儿正经事。虽然这个屋顶很漂亮、很艺术，但也只能解决三层的采光。那一层和二层怎么办？工头人格坐不住了：再这么艺术下去肯定建不起来啦！下面还是让我来控制一下施工难度吧。

不就是没有采光吗？开窗不就得了。底层架空加水平长窗，现代主义新建筑五点中的两点，最简单也最经典（图18、 图19）。谁说工头不懂设计？

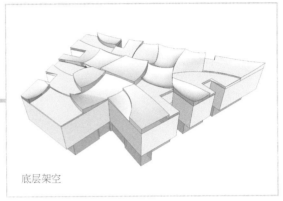

底层架空

图18

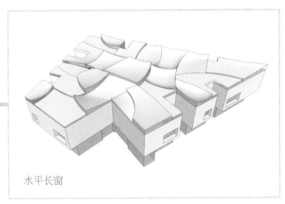

水平长窗

图19

现在看起来这个建筑基本已经成型了。但甲方希望与对面老休斯敦博物馆产生呼应的问题还没有解决。

老休斯敦博物馆由建筑大师密斯·凡·德·罗设计，立面为密斯经典的玻璃加钢构成的"皮包骨"风格（图20）。

图20

致敬这种事儿哲学家人格最爱干了。

哲学家人格在立面外侧又设计了一个幕墙系统。运用当代先进的半透明曲面玻璃幕墙向百年前的玻璃幕墙先行者密斯先生致敬（图21）。

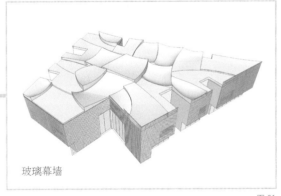

玻璃幕墙

图21

至此，整个建筑才算完成。这就是史蒂文·霍尔设计的休斯敦艺术博物馆，一个由多重系统组合构成的建筑（图22）。

图22

但最后还有一个问题，这么复杂、分裂的多重系统怎样才能向甲方解释清楚？

你们是不是忘了传销人格是干什么的啦？这个屋顶是天空中的云朵在世间留下的痕迹，是名副其实的"云上美术馆"（图23）。

图23

建筑本就是一个复杂的系统，或许你觉得能把所有问题都用一个方法解决的人是天才，可是能把每个问题都用最合适的方法解决才是智慧。

不管你宣称的是哪种个性、哪种风格，你都不得不在设计生涯里面对不同类型的人，不要期待人们的行为和反应与你一致，就不会觉得设计被冒犯。

接受别人不同的个性，也接受自己不同的个性，
或许可以更好地享受建筑这个游戏。

图片来源：

图 1、图 5、图 22、图 23 来源于 https://www.archdaily.cn/
cn/872999/si-di-fen-star-huo-er-shi-wu-suo-xiu-si-
dun-mei-zhu-bo-wu-guan-kuo-jian-xiang-mu-po-tu-
dong-gong，其余分析图为作者自绘。

END

老板画的饼，我转手就卖给了甲方

图1

名　称：斯科尔科沃（Skolkovo）科学技术研究院（图1）
设计师：赫尔佐格与德梅隆（Herzog & de Meuron）建筑事务所
位　置：俄罗斯·莫斯科
分　类：校园
标　签：环形，叠加
面　积：133 979m²

建筑师会画图，建筑师的老板会画饼，画得又大又圆。

做一个设计就能比肩哈迪德，签一单项目就能拯救建筑界，有一个建成项目就能横扫颁奖礼，然后升职加薪、当上总经理、出任CEO、迎娶"白富美"、走上人生巅峰。

更重要的是，你老板还觉得你虎背熊腰如狼似虎、青春永驻长生不老。所以，现在加薪和十年后加薪没什么区别，年轻人嘛，机会多的是。更何况，这不是你的梦想吗？

一个人如果没有梦想，那和无忧无虑有什么区别？老板画的饼虽然又硬又干，难以下咽，但毕竟又大又圆。既然咽不下去，那不如转手卖出去，说不定还能赚个设计费。

斯科尔科沃是俄罗斯政府牵头建设的一个新城市社区，位置就在克里姆林宫以西17km的莫斯科郊外，其中第三区规划为大学城，包括斯科尔科沃科学技术研究院以及配套的住宅区域（图2）。

图2

荒郊野外的大学城是个什么样的存在，估计大家心里都有数。进校门就像被流放边关，出校门就是野外生存，只有那一眼望不到头的庄稼地呼应着夕阳下的奔跑，仿佛是那逝去的青春。而当这个大学城迎来了莫斯科郊外的晚上，你就会无比怀念那一望无际的庄稼地，这毕竟是人类活动的痕迹啊。

项目基地内唯一已知条件是一条横穿内部的公路，这条弯曲得很有节奏感的公路是整个规划区去往市中心的交通要道。除此之外，其他设计条件基本为零，不但荒，还冷。

这可是军事史上不能进攻的莫斯科，冬季漫长而阴暗，会从11月延续到来年4月。很想问问拍板建大学的各位甲方们，把学生们青春年华最好的四年丢在这种冰天雪地、鸟不拉屎的地方，良心真的不会痛吗？当然不会，因为甲方们正忙着画饼。

这个拟建的斯科尔科沃科学技术研究院将会与麻省理工学院合作，培养在科学、技术和商业方面最杰出的人才，以解决俄罗斯和世界面临的关键问题。

尽管如此，委托建筑师"高清兄弟"赫尔佐格和德梅隆还是觉得这个饼就着消食片也咽不下去——就算再牛气冲天的人才也首先要在这鬼地方生活下去不是吗？

先利用基地内部道路，把整个规划片区分为学校区与住宅区上下两部分（图3）。

图3

整个学校是一个长条形，上下各有一条城市道路。为了方便日后学校资源对公众开放，选取平行并置的排列方式，这样每个分区都能获得两个城市的开放面。在此基础上，运动场放在靠近住宅区的右侧，研究院为整个学校的核心，放在中间，最左侧预留出扩建部分，二者中间放图书馆（图4）。

图4

首期要建设的也是整个学校最重要、最核心的部分：斯科尔科沃科学技术研究院（图5），你可以理解成整个学校的教学功能组团。

图5

整个学院包括五个系：能源科学系、生物医学科学系、信息与技术科学系，以及空间科学系和核科学系。每个系都要求有公共设施（资料室、学生中心、行政办公室、会议室和教室）和实验设施（干实验室、湿实验室）两大功能。

听着就很高端，是不是？但在"高清兄弟"听起来，这啰啰唆唆的一堆总结起来不还是教研楼、实验楼和行政楼三种房子吗？

先来看看两种最常用的校园排楼方式。

1."一"字形（图6）

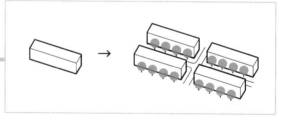

图6

优点：采光好、格局清晰。

缺点：缺乏交流，空间单调，室外流线多，不适合寒冷地区。

2. "回"字形（图7）

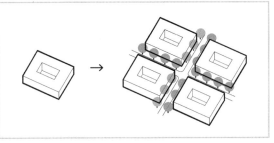

图 7

优点：院落空间好，既能做景观绿化改善环境，还能减少一部分室外流线，在大冷天作为避风港。

缺点：院落与院落之间缺乏空间联系，每栋楼之间的室外流线仍然存在，部分体块采光不好。

那么问题来了：选 1 还是选 2？小孩子才做选择题，"高清兄弟"表示：我全都要了。

<u>画重点</u>：全都要的关键是改变排列方式，"高清兄弟"发明了首尾错位相连式。

只要把长条形的体量首尾错落相接，做一个简单的排列组合，就得到了一个既有完全的室内流线，又有院落，且采光好的新布局（图 8）。

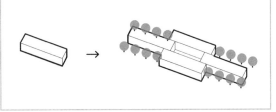

图 8

接下来，就用这种排列方式把学院的教研楼和实验楼安排进去（图 9）。

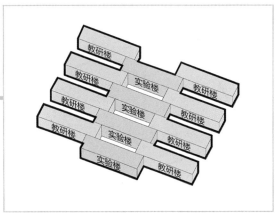

图 9

当然了，这种不怎么常见的教学楼排列法，明眼人一看就知道有问题。

问题 1：边庭暴露

虽然这种布局看似有了一些院落，但两端的部分都没有封住，不但冷，更重要的是在这荒郊野外不方便管理，安全系数太低（图 10）。

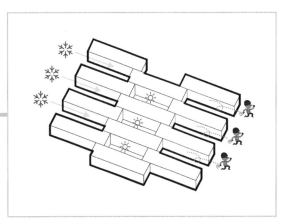

图 10

加围墙封住吧，又太粗糙了，还莫名其妙地有点儿像没有归位的俄罗斯方块（图11）。

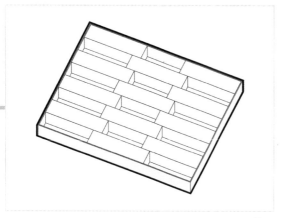

图11

加体块呢，又显得十分多余，也不好看。参差的外边界也是分分钟加入逼死强迫症豪华套餐（图12）。

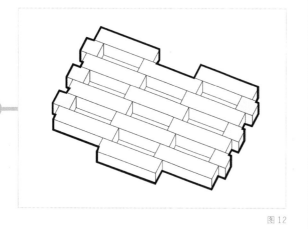

图12

问题2：拥挤

经过采光计算，这种紧密式布局会导致建筑层高过高，面临采光不足的风险。排完实验楼和教研楼之后，就不能按照同样的方式排布行政办公楼（图13）。

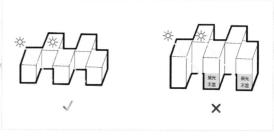

图13

问题3：肌理冲突

这种肌理在基地上，与基地内唯一的设计条件——城市道路的弧形弯折很不和谐（图14）。

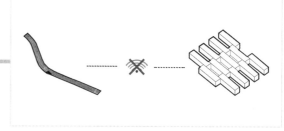

图14

问题4：缺乏场地控制力

在寒冷空旷、面积又巨大的地形上做校园规划，怎样能使其具有控制力，不让建筑在寒风中瑟瑟发抖也是一门玄学。

上面这四个问题简直令人头大，但"高清兄弟"已经想好了对策。

再次画重点："高清兄弟"画了张饼，一张又大又圆的饼！

首先，在外圈叠加一个统一的环形体量（图15、图16）。

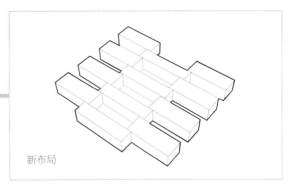

新布局

图 15

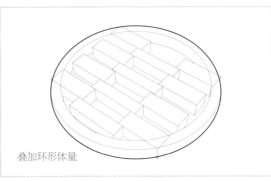

叠加环形体量

图 16

然后，根据圆形限定的区域重新调整体块位置，并修剪与外环交叠的体量，增加连接处（图17、图18）。

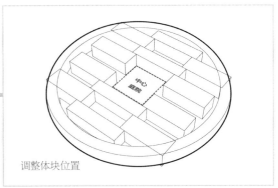

中心
庭院

调整体块位置

图 17

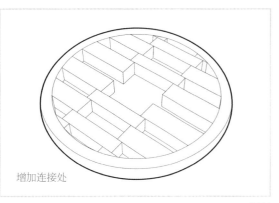

增加连接处

图 18

这样一来，先是在肌理上，建筑轮廓和弧形道路完美相切。其次，这部分体量可以补足行政办公楼和部分公共楼空间。并且，圆形外轮廓顺带把所有边庭闭合为舒适的院落空间，也拥有了一条冬天室内的完美流线，这种正圆的形状也聚合了松散的体块，加强了对整个场地的把控力（图19）。

一箭好几雕，有没有！

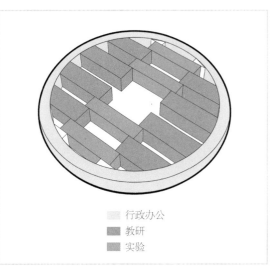

行政办公
教研
实验

图 19

外面的环形行政办公空间，内部的长条形教研和实验空间，中间还能有一块地作为活动场地，简直完美。

学习和工作的问题是解决了，但用于休闲娱乐、交流的非正式空间（休闲空间、讲座空间、会议室、活动室等）哪儿去了？大冬天的也不能老是窝在屋里学习吧！

这个时候，基地里已经没有多少场地可以用了，总不能把唯一开阔的中心庭院给填上。所以，怎样完美地塞进休闲空间又成了一个问题。

在原有布局不改变的情况下，只能借用一些边角空间，再用连廊得出这些非正式空间。运用排除法，这种空间只存在于教学体块两两相交的边角处。

那么问题又来了：怎么连？

第一步，连直线（图20）

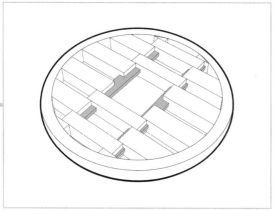

图20

评价：清晰明确，但与行政办公区的联系较为松散，且不够美观。

第二步，连折线（图21）

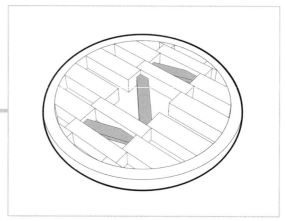

图21

评价：要素过多，空间混乱，破坏了中间的大型活动区。

第三步，弧线相连（图22）

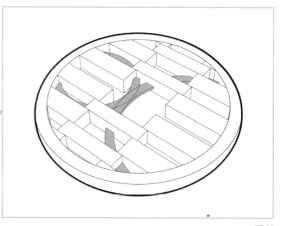

图22

评价：合理、美观，就是你了。

至此，得到最终的功能分布图（图23）。但这种程度距离收工还早得很，还有许多其他问题需要解决。

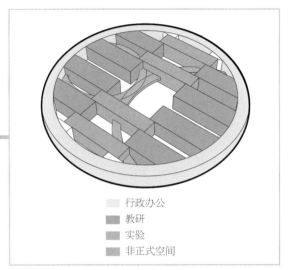

行政办公
教研
实验
非正式空间

图23

1. 消防通道

生命安全无小事，先解决安全问题。

首先，架空外环体量，保证消防车可以从外面进去（图24、图25）。

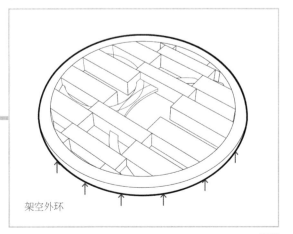

架空外环

图24

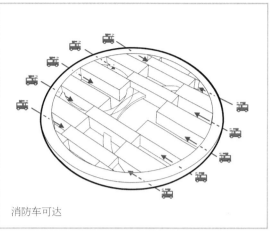

消防车可达

图25

进一步在长条形体块的交接处切出连通各个院子的通道（图26），这样就能保证消防车可以到达每一个体量的四周，围合的小庭院之间也有了直接的联系。

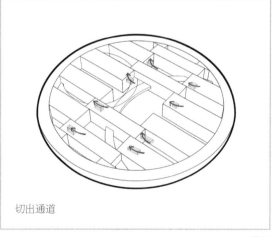

切出通道

图26

2. 主入口

主入口首先要临近马路，其次要方便师生去往各个功能分区。所以把主入口开在三个功能区的交叉点且临近公路处（图27）。

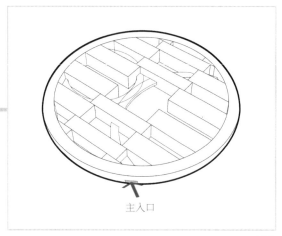

主入口

图 27

3. 内部流线

在教学研究和实验用房等正式空间的长条两端加交通核，靠近外环的一侧加在二者相交处，共同使用（图28）。

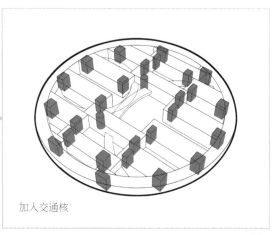

加入交通核

图 28

对于活动休闲等非正式空间，在弧形连廊的上下交界点处分别加入两个环形楼梯用以到达一楼大厅（图29、图30）。

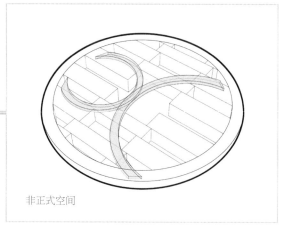

非正式空间

图 29

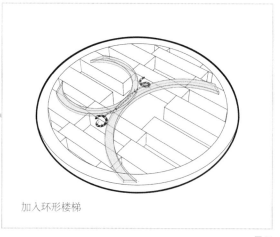

加入环形楼梯

图 30

再在长弧形体量的两端分别加入两个大的弧线形直跑楼梯，基本就可以满足交通需求了（图31）。

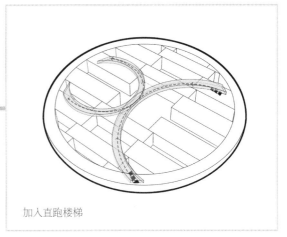

加入直跑楼梯

图 31

4.房间布局

对于教研楼，采用 7m×7m 柱网框架结构自由排布，对于共享空间采用嵌套空间战术，在大环形里按需布置封闭或半封闭的小空间（图32）。

图 32

5.屋顶

由于莫斯科冬天积雪时间较久，因此采用双坡屋面以应对积雪天气（图 33）。

双坡屋面

图 33

再加上采光天窗和排气管（图 34）。

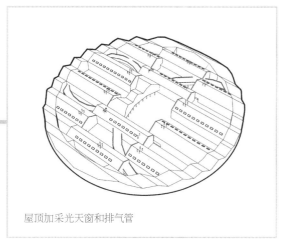

屋顶加采光天窗和排气管

图 34

6.表皮

采用横向长窗和木格栅立面（图35、图36）。

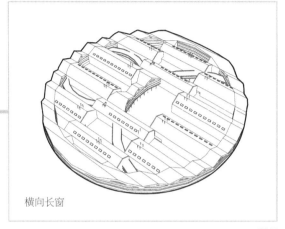

横向长窗

图 35

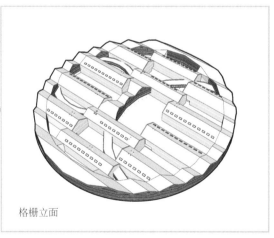

格栅立面

图 36

立面上加木格栅，一是为了完型，从人视角度形成完整的圆形体量；二是为了解决由于建筑物较大的体型系数以及大面积的玻璃幕墙使建筑能耗过高的问题。这些格栅的密度和形态是经过严格计算和分析的（图37）。

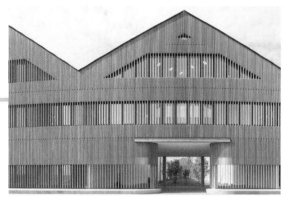

图 37

7.庭院处理

根据实际需求，一部分庭院中间大面积设置绿化，两侧留出步行小道；另一部分两侧设置绿化，中间留出活动场地（图38～图40）。

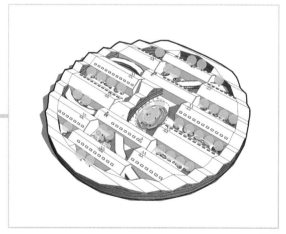

图 38

图 39

图 40

图 43

至此，就真的可以正式收工啦。

这就是赫尔佐格和德梅隆设计的斯科尔科沃科学技术研究院（图 41 ～图 43），一个给甲方画大饼的方案。

图 41

图 42

经常有小伙伴留言说："我要是这么做方案，会直接被老师（老板）撕了。"不出意外，今天这个大饼方案肯定也是在被撕的范围内。有人说，一个人如果没有梦想，那和咸鱼有什么区别。但又有人说，如果一个人的梦想就是做咸鱼，那和人生赢家又有什么区别。

设计本身没有对错，但在面对具体的使用环境和使用者时，就有了对错，至少，是有了优劣。在正确的时间、正确的地点为正确的人画一张饼，那这张饼就是"山珍海味"。

图片来源：

图 1、图 32、图 37、图 39 ～图 43 来源于 http://www.archcollege.com/archcollege/2018/11/42498.html，其余分析图为作者自绘。

END

用超现实把现实锤扁

图1

名　称: 利马工程技术大学（图1）
设计师: 格拉夫顿建筑事务所（Grafton Architects）
位　置: 秘鲁·利马
分　类: 公共建筑
标　签: 校园，折叠
面　积: 35 000m²

如何委婉地评价一个建筑师幼稚？"你好中二哦。"如何不太委婉地评价一个建筑师固执？"你这人太轴。"

这种又"中二"又轴的性格其实是漫画男主角的标准人设，灵魂代言人是樱木花道、海贼王路飞以及漩涡鸣人。他们的职业都不是建筑师，换句话说，也就是这种性格在现实的建筑世界里不太好混。

失去了主角光环和出场背景音乐，再天真再幼稚，也吃不下领导随手一画的饼；再"燃"再热血，也焐不热甲方冷酷无情的心；再一根筋钻牛角尖，也戳不破条件苛刻的合同。

在漫画里，"中二"男主的拿手绝技就是逆袭。他们的剧本十分固定，低开高走，草根英雄。然而现实中哪有那么多逆风翻盘，那么多先抑后扬，更多的是人生滑铁卢，是胳膊拧不过大腿的惨烈。

好在一根筋"中二"建筑师的征程是星辰大海，他们不关心逆袭，他们只想拥有超能力，直接拯救全世界。所以，我要讲的不是一个励志故事，而是一个科幻故事。

从前，有一个甲方找到了一个建筑师，因为他想建一座学校，一座大学校。大学嘛，讲堂、科研实验室、办公室、教室、图书馆、会议室都是标准配置，剧院、电影院、会展中心、餐厅也不能马虎，还要有各种适合学生拉拉手、散散步的小树林、小广场才好。

建筑师点点头，就是做一个校园规划呗。一般有中轴对称知书达理型的、中心分布花开富贵型的，还有曲径通幽自由灵魂型的，反正现在的大学校园都越做越大，上学像流放不是梦想（图2）。

图2

"不不不，您好像误会了，我们的地没有那么大……"

"对对对，我也觉得现在的大学校园都太浪费，地小一点儿咱们做紧凑一点儿，更方便实用。"

"不不不，您还是看一下地形图吧……（图3）"

图3

"就这一块地？"

"对……"

"这有多大面积？"

"不到 4000m² 吧……"

"等一下，可能我刚刚听错了，您是要建一个教学楼吧？"

"不，您没听错，我要建一所大学……"

"……"

"使用面积大概有 50 000m² 吧，花园广场啥的我倒无所谓，但学生们要求必须有……"

"……"

"我知道这有点儿为难，我已经找过很多建筑师了，他们都说不可能……"

"我也不可能啊！"

"不不不，您一定有办法，我打听过了，他们都说您有超能力……"

好吧，朋友们，让我们燥起来！开局无所谓，后续操作猛如虎比什么都重要。

如果你关注科幻界，大概会记得有一篇叫《北京折叠》的小说，记录过这么一种城市设计方法：

"折叠城市分三层空间。大地的一面是第一空间，五百万人口，生存时间是从清晨六点到第二天清晨六点。空间休眠，大地翻转。翻转后的另一面是第二空间和第三空间。第二空间生活着两千五百万人口，从次日清晨六点到夜晚十点，第三空间生活着五千万人，从夜晚十点到清晨六点，然后回到第一空间。时间经过了精心规划和最优分配，小心翼翼隔离，五百万人享用二十四小时，七千五百万人享用另外二十四小时（图 4）[1]。

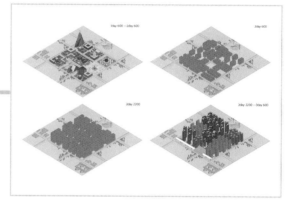

图 4

我们现在要进行的也是同样的操作，用地不够，就把空间折叠起来用（图 5、图 6）。

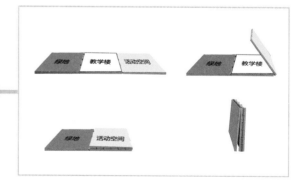

图 5

①出自郝景芳《北京折叠》。

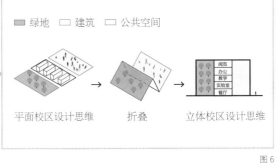

■ 绿地　□ 建筑　□ 公共空间

平面校区设计思维　　折叠　　立体校区设计思维

图 6

这种操作，大概只有每晚看《灌篮高手》的"中二"建筑师才能想到。因为樱木说过："在天才的世界里，没有'不可能'三个字。"

正式折叠之前，我们先根据地形摆出体块和交通（图 7 ~ 图 10）。

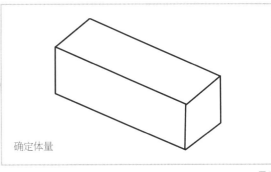

确定体量

图 7

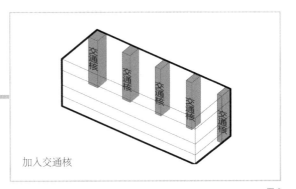

加入交通核

图 8

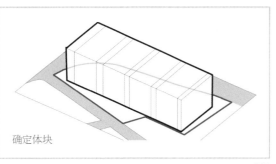

确定体块

图 9

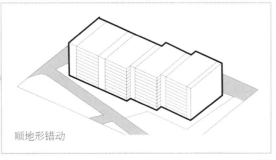

顺地形错动

图 10

第一步：折出垂直小花园（图 11）

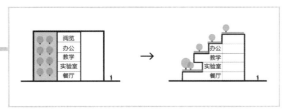

图 11

这个方法其实不是什么小秘密。先选一个朝阳的面（图 12）。

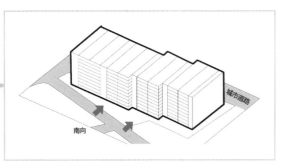

图 12

然后层层退台，创造出教室外丰富的室外绿化空间（图13）。

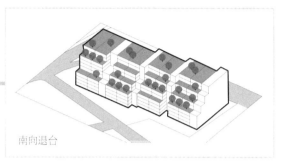

南向退台

图13

去掉几个功能块，营造入口空间和服务社区（图14）。

主要入口

图14

就像校园小情侣爱去的小花园绝对不可能是规整的几何形状一样，这个退台花园也不完全是等大的，结合六层的咖啡厅，创造出绿地和花园的放大节点（图15）。

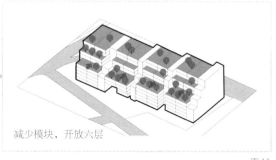

减少模块，开放六层

图15

最后加入活动楼梯和辅助空间，便于小情侣们手拉手来这里约会（图16）。

加入活动
楼梯和辅助空间

图16

阶梯状的教学空间和景观独自形成了一个小的生态环境，为会议及休息提供了舒适的空间（图17）。

图17

第二步：叠出垂直的小广场

小花园算有了，但是还缺小广场。大家的日常活动都在校园里，总得有一些公共空间用来交流和偶遇呀（图18）。

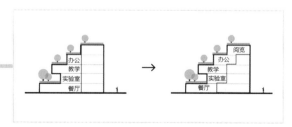

图18

让我们把视角转到临街的这一面（图 19）。

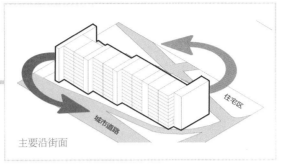

主要沿街面

城市道路

住宅区

图 19

把教室排布好后，剩余能用来当公共空间的面积是真的很紧张啊，通高中庭都做得像个扁豆，别说还要用来活动了（图 20）。

给公共空间留有的位置

城市道路

住宅区

图 20

所以，我们要继续折叠——也就是让空间连续。

1. 消减楼板，营造围合的小中庭

加入各层楼板后，挖出围合的小中庭（图 21 ~ 图 23）。

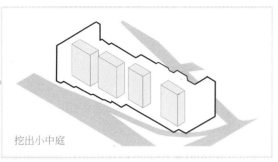

挖出小中庭

图 21

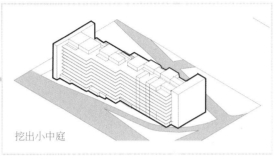

挖出小中庭

图 22

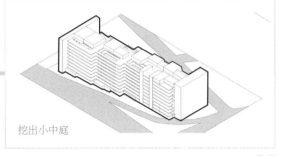

挖出小中庭

图 23

错动，使得小中庭的空间更富变化（图 24、图 25）。

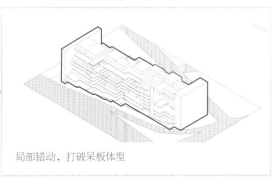

局部错动，打破呆板体型

图 24

图 25

原本狭长的活动空间被分解，使尺度适合停留和交流。

2. 连续交通，聚合人流

所谓校园广场，是每天学生上课、下课必须路过，连接各个教学楼的集散枢纽。咱们现在这个广场虽然被折叠了，但作用不能缩水。建筑小中庭内加入便捷的直达楼梯（图26、图27）。

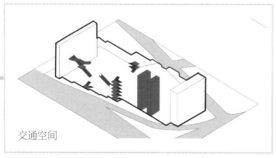

交通空间

图 26

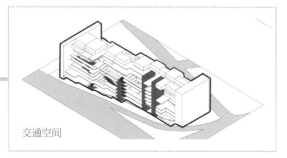

交通空间

图 27

活动空间不够多，那就把边缘疏散楼梯的平台局部放大，这些平台可以用于师生之间的交流，也可以用于举办学校集体活动（图28、图29）。

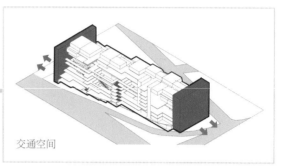

交通空间

图 28

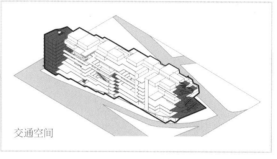

交通空间

图 29

结合连续的小中庭营造出了多重转折、连绵不断的公共空间，贯穿整个垂直折叠的校园（图30）。

图 30

就像我们回忆起大学生活，印象最深的一般都是下课后不经意路过的转角和跑下楼梯时那一次抬眼对望。

3.丰富边界，通透开放

学校的广场也是城市和校园间的过渡和连接，所以建筑沿街的界面并没有被封起来，活动空间完全对城市开放，就像那些平面的校园一样（图31）。

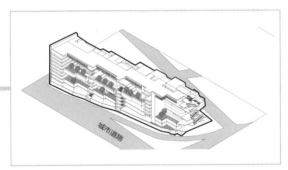

图31

再加入适当的绿化，麻雀虽小，五脏俱全（图32、图33）。

图32

图33

第三步：撑起折叠校园的支架

在沿街面加入结构片墙，起支撑作用（图34～图36）。

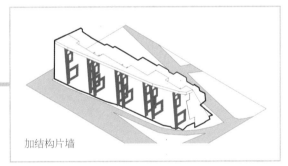

加结构片墙

图34

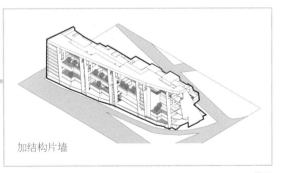

加结构片墙

图35

图 36

同时也使整个构图统一起来（图 37）。

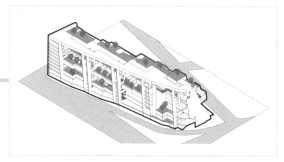

图 37

这就是格拉夫顿建筑事务所设计的秘鲁利马工程技术大学的新校园。虽然只有一栋楼，却是一个折叠的校园。

但不得不说，这个学校估计真的没什么地位。就算找到了个"中二"建筑师用超现实的创意锤扁了现实，稀里糊涂地成了地标，却依然没有钱搞装修。真的，这个楼长得也太糙了吧，怎么看怎么像一家废弃水泥厂或者施工未完成的建筑，里面也是怎么省钱怎么来，能凑合就凑合（图 38）。

图 38

不过已然无所谓了，一根筋的"中二"建筑师终于拯救了世界，可以脱下斗篷和制服，换回T恤和人字拖，继续滚回去画施工图了。

有些项目就是可遇不可求。一旦遇到了，希望你也能燃烧小宇宙，用超现实的能力锤扁冷酷的现实。

图片来源：

图 1、图 25、图 30、图 32、图 33、 图 36 来源于 https://www.archdaily.com/792814/engineering-and-technology-university-utec-grafton-architects-plus-shell-arquitectos，图 2、图 3、图 5 来源于 https://www.google.com/imghp?hl=zh-CN，图 17 来源于 http://graftonarchitects.ie/University-Campus-UTEC-Lima，图 38 来源于 https://brandlab.pe/Utec，其余分析图为作者自绘。

END

没事儿找抽型的建筑师，会被打死吗

图1

名　称：麦格理银行（图1）

设计师：克莱夫·威尔金森（Clive Wilkinson）事务所

位　置：澳大利亚·悉尼

分　类：商业建筑

标　签：功能碎化

面　积：约 30 700m²

有些建筑师，天生反骨，俗称"没事儿找抽"，最大的爱好就是擅自增加通关难度。甲方就想盖个农家乐搞搞副业，他给设计成了艳压迪拜的八星级超豪华度假村；甲方就想修个小公园种种花草，他给规划成了消灭雾霾、拯救蓝天的大都市圈生态湿地廊道；甲方就想建个糙厂房养养鸡鸭，他给创造成了走向世界、冲出宇宙的太空育种田园综合体。

对此，广大甲方脸上笑嘻嘻，心中只想：你给我过来，我保证不打死你。但正所谓生命不息，折腾不止，三天不打上房揭瓦的建筑师哪有这么容易消停。像下面这位可怜的甲方先生，就碰到了这么一位没事儿找抽型的建筑师。

其实甲方先生是个银行家，平生最擅长精打细算，能不花的钱绝对不花，必须要花的钱就掰成两半再花。这不，为了建一座新的办公楼，甲方先生溜达遍了整个悉尼市，腿都溜细了才找到这么一块完美的建设基地（图2）。

图2

说它完美并不是因为场地紧挨着著名网红"国王街码头"，而是因为这块地上有一座即将烂尾但还在挣扎的楼。甲方先生发现这里的时候，这块地的前任甲方已经搞了一个小十层的办公楼方案，且已经建了三层。但因为各种咱们也不知道的原因，前任甲方不想玩了，就想连地带楼找个接盘侠（图3）。

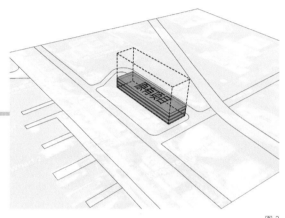

图3

甲方先生一听：哇！还有这好事儿，白捡一座大房子！银行家的想法很省钱，既然已经有现成的方案了，接着盖就行了嘛，设计费也就省了。唯一美中不足的就是现有这个方案的面积有点儿不太够，不过无所谓，前面再加建一个小房子就行，花不了几个钱（图4）。

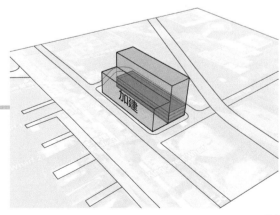

图4

这真的是一个又实际、又简单、又省钱的方案——如果没有遇到克莱夫·威尔金森事务所的话。

克莱夫·威尔金森事务所是典型的没事儿找抽型的事务所，但他们比较聪明的是没有一上来就搞事情。刚开始，建筑师还是很乖巧地根据银行家先生的设想在做方案，做了一座特别正常的办公楼（图5～图8）。

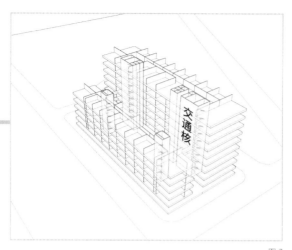

图7

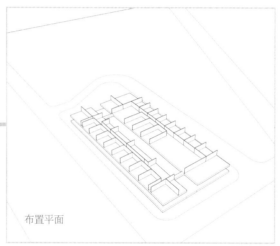

布置平面

图5

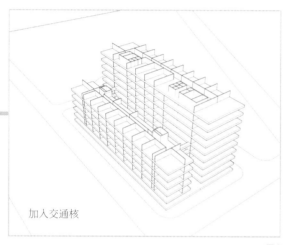

加入交通核

图8

到此为止，甲方先生都很满意，已经开始计划给建筑师结账，让他们收工了。可建筑师的找事儿之路才刚刚开始。

找事儿第一步：办公楼里没有办公室是个什么操作？

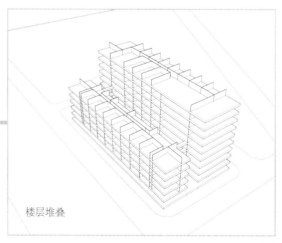

楼层堆叠

图6

建筑师觉得办公室里的固定工位真的是太束缚自由和想象力了，于是，他们把所有办公室的隔板都去掉，整个楼层变成了一个大咖啡厅，每天上班，你爱坐在哪儿就坐在哪儿（图9～图11）。

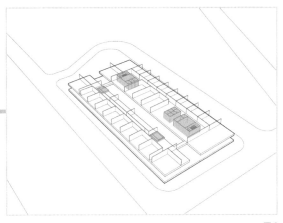

图 9

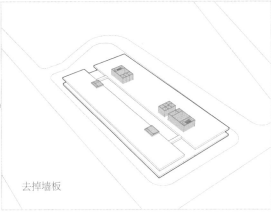

去掉墙板

图 10

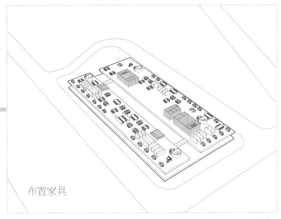

布置家具

图 11

他们还很贴心地设计了各种各样的组合家具，每天换一个都不带重样的（图12、图13）。

头脑风暴圆桌	豆荚会议室	专注工作间
两人创作间	开放休息室	帘幕工作间
单人创作间	帐篷式会议间	图书室

图 12

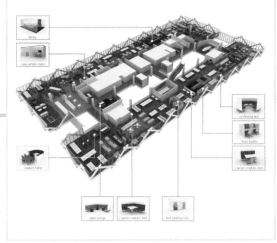

图 13

那么问题来了。这种流动办公虽然很好，但在"996"的世界里，办公室是你每天待的时间最长的地方，你的私人物品怎么办？好办！集中设置就可以了（图14、图15）。

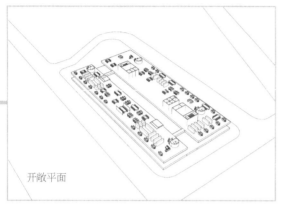

开敞平面

图14

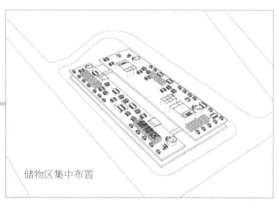

储物区集中布置

图15

找事儿第二步：在办公楼里挖个大中庭是个什么操作？

中庭这种除了好看没有半毛钱用的东西，一般是土豪商场的标配，大概率不会出现在办公楼这种讲求效率的地方。但搞事情就是要见缝插针，既然现在两栋楼之间有条缝，那就挤一挤做个大中庭嘛（图16）。

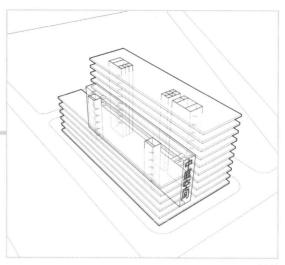

图16

不浪费一下空间，从哪儿展示我优秀的空间设计能力呢？比如，做一个又漂亮、又复杂的大楼梯，同时把交通核集中，形成以中庭为核心的整座建筑的交通枢纽（图17~图20）。

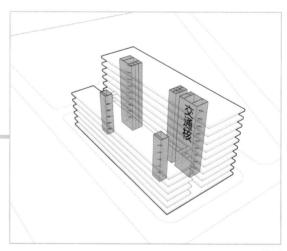

图17

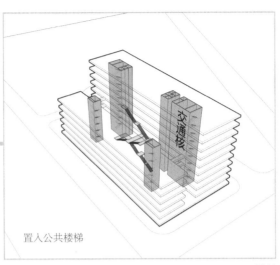

置入公共楼梯

图 18

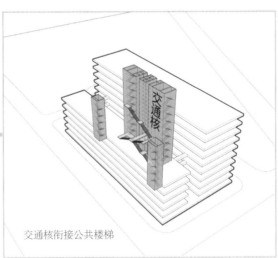

交通核衔接公共楼梯

图 19

图 20

找事儿第三步：办公楼没有会议室是个什么操作？

对一个正常的办公楼来说，至少得有三分之一的空间是会议室，因为大会、小会、大小会，天天需要开会。会议室也不用什么太特殊的设计，就是换个装修的一间或者几间办公室（图21）。

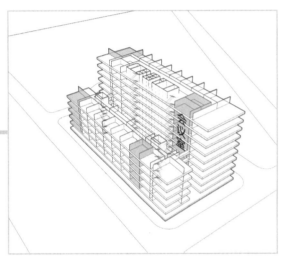

图 21

但这种会议室有个问题，就是太浪费。十个人占用一间会议室，两个人也要占用一间会议室。这个问题怎么解决？

画重点：有个手法叫作"功能碎片化。"说白了，就是把原来一间 20 人的大会议室掰碎了，变成一间 2 人会议室，一间 3 人会议室，一间 4 人会议室，一间 5 人会议室（图 22）……

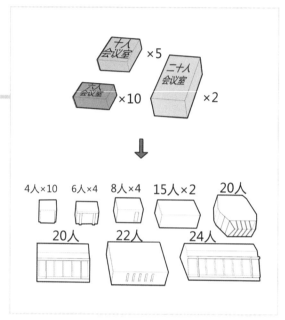

图 22

然后把这些碎化了的会议室挂到中庭里，亲切地称呼它们为"会议舱"（图 23、图 24）。

图 23

图 24

建筑师很贴心地为不同尺度的会议舱都设计了不同的形态（图 25）。

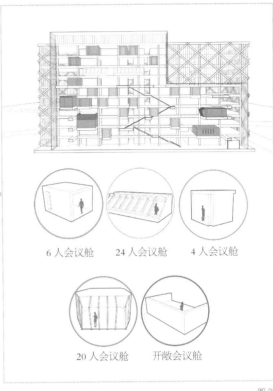

6 人会议舱　　24 人会议舱　　4 人会议舱

20 人会议舱　　开敞会议舱

图 25

透明的围护边界不但避免了大家误入别人会场
的尴尬，还可以顺便利用中庭的自然光（图
26、图 27）。

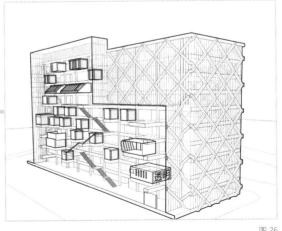

图 26

图 27

最后再在立面上采用斜交钢框架网格来支撑围
护结构，使这个没有办公室的办公楼里连柱子
都没有了（图 28）。

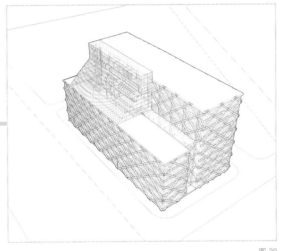

图 28

至此，建筑师搞事情结束。你猜，他是被甲方先生用左脚还是右脚踢出去的呢？我也不知道。

我只知道这座楼叫作麦格理银行，现在就位于澳大利亚悉尼达令港的东侧（图29～图33）。

图29

图30

图31

图32

图33

不管怎样，没事儿找抽这个操作风险太大，请大家谨慎使用。但我们活着来到这个世界，就没打算活着离开。不抽风几回也挺对不起自己的。毕竟懂建筑的是你，不是甲方；做设计的也是你，不是甲方。甲方只为这座建筑负责，却不会为你负责。这个甲方不同意不代表另一个甲方也不同意。

咱们就算被打死，也不能被吓死，是不是？

END

挣钱难，花钱更难，花甲方的钱更是难上加难

图1

名　称：哈德逊水岸文化表演中心（图1）
设计师：Diller Scofidio + Renfro 建筑事务所，
　　　　洛克威尔集团（Rockwell Group）
位　置：美国·纽约
分　类：文化中心
标　签：可变，灵活
面　积：18 500m²

我觉得我可能是飘了,这种题目也敢写。

在"画图狗"的人生里,难道不是只有挣一块钱难,挣两块钱更难,挣五块钱更是难上加难吗?至于花钱,也确实令人苦恼,比如,十块钱怎么花一个月这种问题就很让我困扰。

但甲方是和我们不一样的物种。我们抠,是因为我们穷;甲方抠,是因为他们就是想抠。所以,你以为我们今天会讲一个"贫穷建筑师为抠门甲方玩命省钱的恐怖故事"吗?不!一夜暴富是我们的梦想!躺着花钱是我们的目标!要讲咱们就讲一个"钞票随便花,预算不封顶,除了钱什么都没有的土豪死乞白赖非要和我做朋友求着我给他设计房子帮他花钱的童话故事"!

某年某月某一天,有一位甲方找到了你。虽然这位甲方看着和一般的抠门甲方也差不多,但随随便便掏出来的就是位于寸土寸金的纽约曼哈顿哈德逊水岸的黄金地块(图2)。没错,就是那个被《财富》杂志誉为"美国历史上最大规模最疯狂的房地产开发项目"的地方。

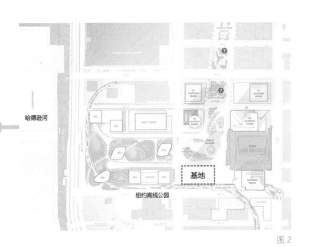

图2

有钱甲方:"其实我也没啥想法,我在这儿已经开发了一个地产项目,剩下的这块地随便你干点儿什么,没有预算限制,能给我多吸引点儿人过来就行。我没有开玩笑。顺便提一下,哥们儿有钱,非常有钱。"

等下,建筑师你先别忙着高兴,我劝你先看看周围环境。

你的地块北面是托马斯·赫斯维克(Thomas Heatherwick)设计的网红观景楼梯"容器(The Vessel)",就是那个"燃烧你的卡路里,花钱排队爬楼梯"的楼梯(图3)。

图3

南面就是由废弃铁路成功"整容出道"的高线
公园，名气大，资历老，早已成为纽约市民的
遛弯儿胜地（图4）。

图4

就算是不差钱可劲儿造，把楼都刷成黄金的，
可也已经有 SOM、KPF、史蒂文·霍尔、福斯特
建筑事务所等一群隔壁老王在旁边都造作完了
（图5）。

图5

什么叫网红开会？什么叫神仙打架？在这个地
方，钱不是万能的，钱都是"亿能"的，平庸
就是最大的错误！再老老实实回基地一看，发
现又被甲方爸爸套路了。怪不得没有特殊要求，
原来就是一个裙房（图6）！

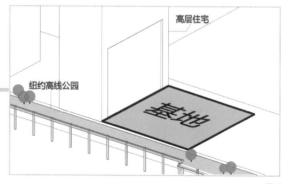

图6

好在甲方关于"预算不封顶"的承诺真实有效，咱们就好好琢磨琢磨怎么花钱吧。甲方唯一的要求是吸引人流。那么问题来了：什么样的建筑能吸引人流？

在城市里一般有三种类型：

展览馆：基本每天都有人去转转。

影剧院：有演出时大量人流瞬时汇集，但不是随时都有演出。

活动广场：天气好的时候，大家都爱在广场上遛遛（图7）。

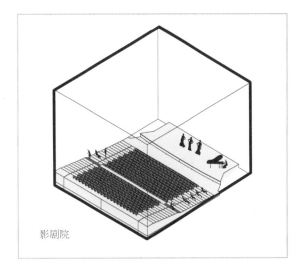

影剧院

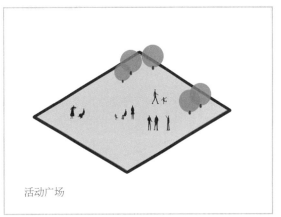

活动广场

图 7

但作为一个地产裙房，可用面积有限（图8）。

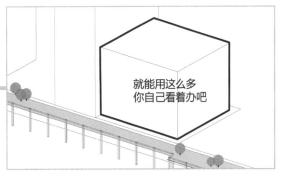

就能用这么多
你自己看着办吧

图 8

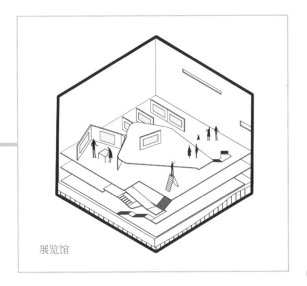

展览馆

所以，接下来是不是就应该纠结选择哪一种功能往下深化了呢？穷人才做选择，有钱人全都要！而且还要面积不打折的那种！

1. 灵活的展览馆

先把能用的空间占满（图9、图10）。

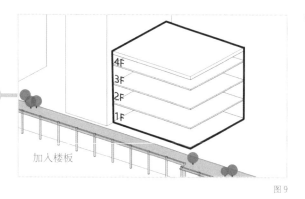

加入楼板

图 9

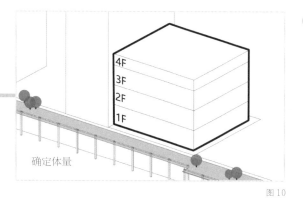

确定体量

图 10

加入交通核和辅助空间（图 11 ~ 图 13）。

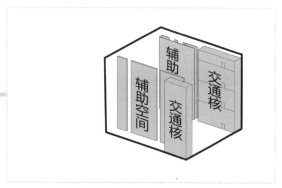

图 11

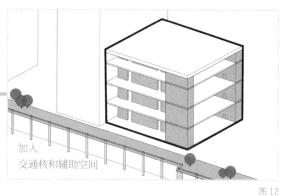

加入
交通核和辅助空间

图 12

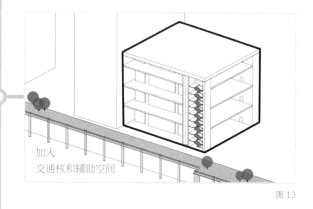

加入
交通核和辅助空间

图 13

用交通核和辅助空间作为承重结构，将室内做成无柱大空间，想怎么布展就怎么布展，想怎么活动就怎么活动，美其名曰为未来创造更多可能性（图 14）。

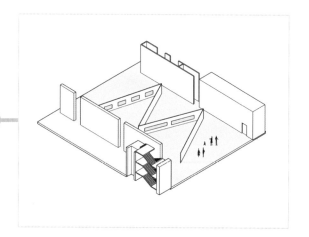

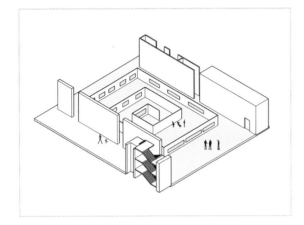

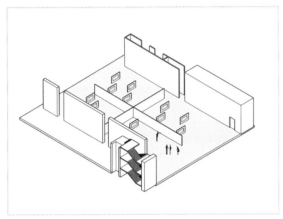

图 14

最后加入开放的自动扶梯，也算能和纽约高线
公园来点儿视线交流（图 15、图 16）。

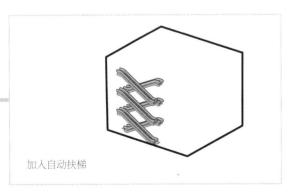

加入自动扶梯

图 15

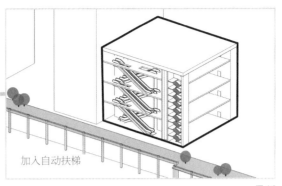

加入自动扶梯

图 16

2. 灵活的影剧院和活动广场

做完展览空间，面积已经被占满了（图 17）。

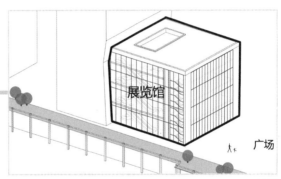

展览馆

广场

图 17

再把功能拎出来看看，展览馆和活动广场是有
了，可哪儿还有地儿放影剧院呢（图 18）？

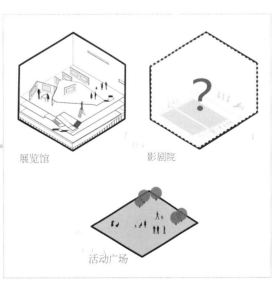

展览馆

影剧院

活动广场

图 18

影剧院最主要的功能就是举办各种演出演唱会，虽说现在演出市场还挺火爆，但一年下来也确实用不了几次。这就好办了——我是说，这就可以用钱来办了。

本方案最烧钱的设计要闪亮登场啦！就是这个已经学会自己行动的外壳（图 19）！

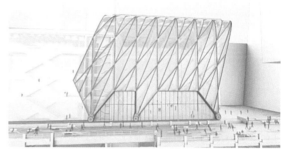

图 19

建筑的伸缩式外壳可以从其位于基础建筑物上方的位置展开，并沿着轨道滑动到相邻的广场上，使建筑物的空间翻倍，适用于大型演出、大型展览以及大型室内活动。除了做法费钱，其他都很简单。

①建筑外壳脱离主体结构，有自己独立的支撑结构（图 20）。

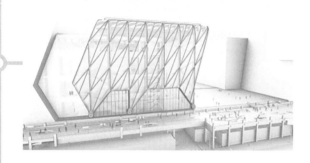

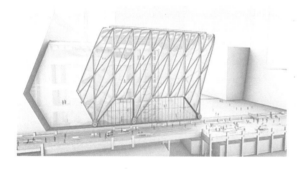

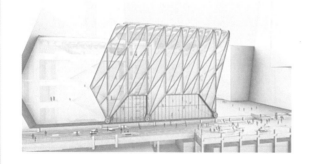

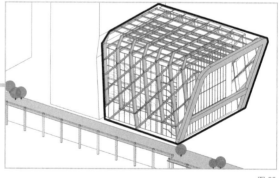

图 20

②加上 ETFE 气枕式膜结构，可以控制室温，最大限度地减少了眩光辐射（图 21 ）。

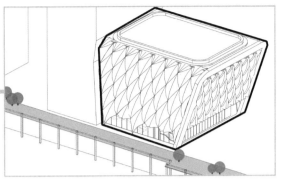

图 21

③设置滚动式钢结构和滑动轨道，以便可以将其推到最远方（图 22、图 23）。

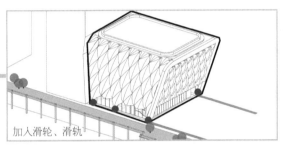

加入滑轮、滑轨

图 22

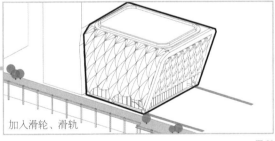

加入滑轮、滑轨

图 23

④走你（图 24、图 25）。

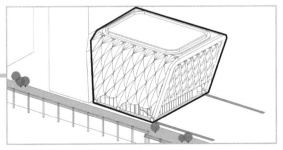

图 24

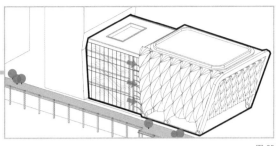

图 25

这番操作说白了，就是这个空间，你用的时候是你的，我用的时候是我的，这样每个人就都能拥有一个独立不受干扰的空间了。

3. 灵活的使用场景

①完全开放的场地（图 26、图 27）。

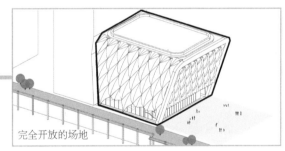

完全开放的场地

图 26

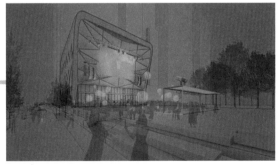

图 27

②半开放的场地（图 28）。

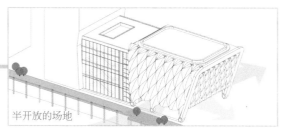

半开放的场地

图 28

顶棚新加的空间里底层的门可以完全升起，在打开时与东部和北部的公共区域无缝接合（图 29）。

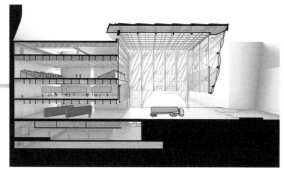

图 29

③封闭使用的场地（图 30）。

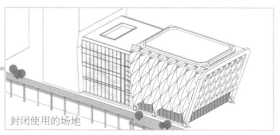

封闭使用的场地

图 30

将顶棚底层的可操作门放下后，建筑就变成了一个封闭的表演中心，可容纳 3000 多人同时观演。顶部有完整的机械结构，为大规模的室内和露天节目提供专业的舞台技术支持（图 31、图 32）。

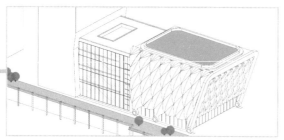

图 31

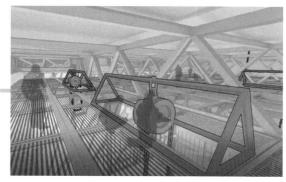

图 32

必要时，展览空间内也可以增设观众席，变成表演中心的一部分（图 33~图 35）。

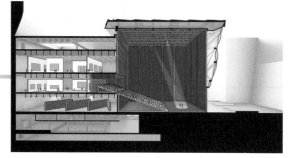

图 33

图 34

图 35

这就是由 Diller Scofidio + Renfro 建筑事务所和洛克威尔集团共同合作设计的哈德逊水岸文化表演中心，一个行为艺术一样的烧钱建筑，并且已经建成投入使用了（图 36）。

图 36

从纽约高线公园上看是图 37 这样的。

图 37

从网红观景楼梯"容器"上看是图 38 这样的。

图 38

建筑学有个魔咒："一看就会，一做就废。"但这个案例的手法真的是简单粗暴，正常智商的人都能学会，但问题在于什么时候能用啊？

画重点：两个条件。充分必要条件是你的甲方很有钱，且愿意花钱给你可劲儿作。但作归作，建筑依然是商业，再有钱的甲方也不会做赔本买卖。所以，给你花钱的前提是你能给他带来更大的收益，无论眼前收益还是未来收益，物质收益还是精神收益，总之甲方的钱是不能白花的。充分不必要条件是你设计的建筑类型有"动"的必要。比如，设计别墅，来个会动的顶棚（图39、图40）？

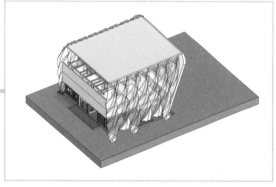

图 39

图 40

又比如设计博物馆，也来个会动的顶棚（图41、图42）。

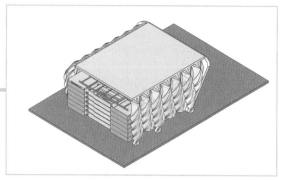

图 41

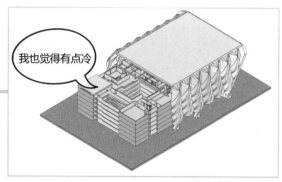

图 42

因为行为艺术也是要看语境的，在大都会博物馆里人们不管懂不懂都会说一句"这是艺术"，但在七里台的大街上，人们只会觉得你有神经病。建筑要不要"动"起来的语境之一就是空间使用尺度。只有在空间使用尺度变化巨大，超出了空间本身的适应弹性时，才有设计可动空间的必要。简单地说就是，你家 80m² 的房子平时住三口人，某天来了两个亲戚，可以挤一挤打地铺，但如果来了 100 个人，就只能在外面扎帐篷了（图43 ~ 图45）。

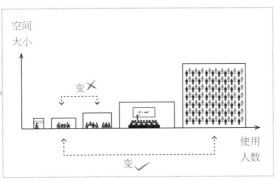

图 43

图 44

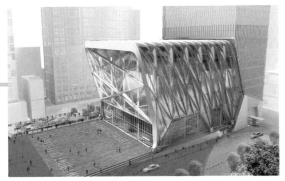

图 45

好了，天下没有白吃的午餐，花甲方的钱也没想象中那么容易，所以在这里要奉劝大家，一旦逮着机会，可千万不要手软啊。

图片来源：

图 1、图 19、图 27、图 29、图 32～图 38 来源于 https://dsrny.com/project/the-shed，图 44、图 45 来源于 https://www.mati.hk/Mobile/Article/articleShow/article_id/13623/kind/0.html，图 2～图 5 来源于 https://www.sohu.com/a/240005324_167948，其余分析图为作者自绘。

END

空间与空间之间是一堵自欺欺人的墙

图1

名　称：丹麦技术大学（DTU）生物工程学院改造（图1）
设计师：克里斯滕森公司（Christensen & Co.），吕比克与
　　　　马勒建筑事务所(Rørbæk and Møller Architecter A/S)
位　置：丹麦·哥本哈根
分　类：教育建筑
标　签：空间限定，建筑改造
面　积：47 000m²

图2

名　称：赫尔辛基中央图书馆竞赛方案（图2）
设计师：Cobe 建筑事务所
位　置：芬兰·赫尔辛基
分　类：图书馆
标　签：空间限定
面　积：10 000m²

如果有一个人把蓝色看成绿色，把绿色看成蓝色，但他并不知道自己跟别人不一样，比如，别人看到的天空是蓝色的，他看到的是绿色的，但是他和别人的叫法都一样，都是"蓝色"；小草是绿色的，他看到的却是蓝色的，但是他把蓝色叫作"绿色"。那么问题来了：如何让他知道他和别人不一样？再仔细想一下，你怎么知道你不是那个人？

这就是著名的蓝绿色盲悖论，属于逻辑问题，想去翻生物学课本的同学可以放下书了。决定色彩本质的是光学特性，但决定色彩认知的却是我们的大脑。换句话说，就算你不是蓝绿色盲，是谁告诉你天空的颜色是蓝色的呢？如果在最初的最初，有人告诉你那个颜色就是"绿色"呢？

承认吗？或许我们认为的所有顺理成章都只是先入为主。比如，我们用四面墙限定出一个方盒子空间，看起来顺理成章，却也只是先入为主，因为墙是双面的啊，你只看到它限定了内部空间，却忘了它其实也限定了外部空间（图3）。

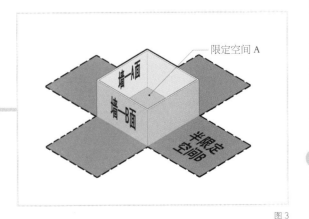

图3

画重点：空间中也是存在图底关系的。你可以简单理解成二维平面中的正负形关系可能只是三维立体空间中正负空间关系的投影而已（图4～图7）。

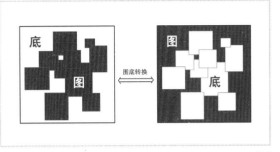

图4

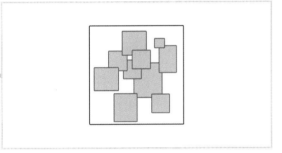

图5

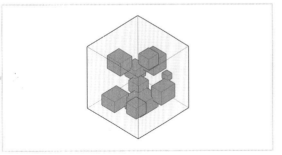

图6

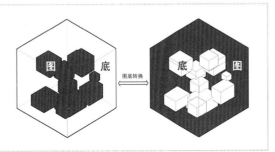

图7

完成空间图底反转后，图可自成空间体系，底也可以形成一个空间体系，二者共用边界，相互依存，也就是前面说的每一堵墙都可以限定出正反两面空间。

六字箴言：空间限定空间。

好了，武功秘籍已经告诉你了，怎么用就看个人造化了。先为大家介绍第一位修炼成功的优秀选手——克里斯滕森公司和吕比克与马勒建筑事务所。

他们接了丹麦技术大学（DTU）生物工程学院改造的活儿。原建筑是经典的黄色砖砌建筑群，说是建筑群，但怎么看也不像是一个团队的，排排坐的格局真是相当貌合神离了（图8、图9）。

图8

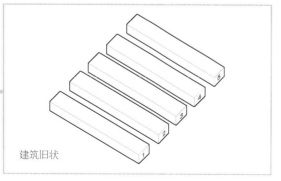

建筑旧状

图9

校方估计也觉得这五根木头杵在这儿实在不利于学生间的互助友爱，所以特别拜托建筑师多搞一点儿能进行社交活动、学习讨论的地方。这也算正常需求，但要想实现就必须打破五根木头排排坐的格局。

设计师小C和小R截去了3号"木头"的中间段，先形成一个小中心（图10）。

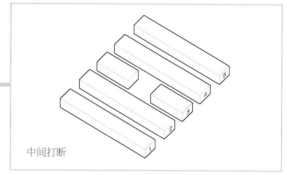

中间打断

图10

将2号、4号"木头"的中间段向中庭靠拢，再次强化小中心的地位（图11）。

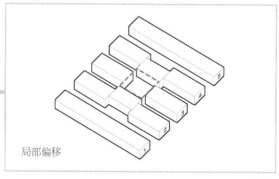

局部偏移

图11

然后顺势连接起各根"木头"，形成名副其实的建筑群（图12）。

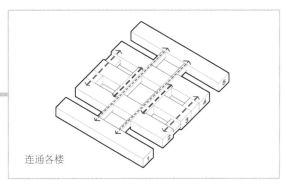

连通各楼

图 12

一层部分削减成入口，再在顶层部分加建补齐消减的功能面积（图 13、图 14）。

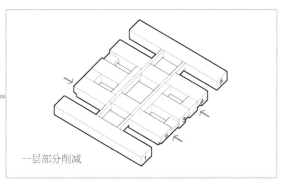

一层部分削减

图 13

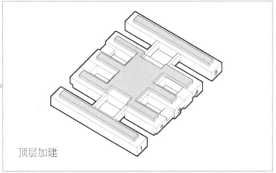

顶层加建

图 14

至此，排排坐的五根木头已经变成手挽手相亲相爱的好朋友了（图 15）。

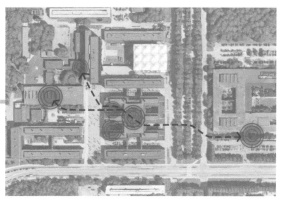

图 15

但这不是重点，我们的重点是要找地儿实战一下新修炼的武功啊。

手挽手之后，小 C 和小 R 得到了一个方方正正的小中庭——就是这儿啦（图 16）。

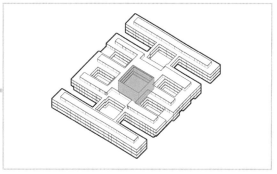

图 16

同时，小 C 和小 R 也希望在这里能满足校方提出的社交和学习讨论空间的要求。总之，就是好多好多小空间，地方小才能相亲相爱、抱团取暖嘛。

在开始之前，先跟我默念一遍操作口诀：墙这边是空间，墙那边也是空间。

先在首层的一边放置一个容纳社交活动的小盒子空间，这个盒子同时限定出了左右各一个半限定的开放空间，并将通入地下层的楼梯放置在右边的半限定空间处（图17、图18）。

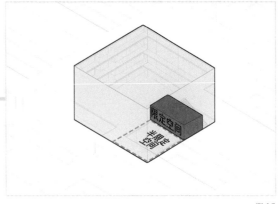

图 17

图 18

在对边置入另一个盒子空间，再限定出左右各一个半限定空间（图19）。

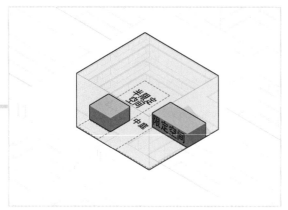

图 19

切记要不停地用图底转换去审视正负空间的形态（图20、图21）。

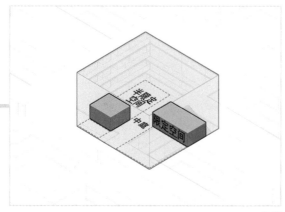

图 20

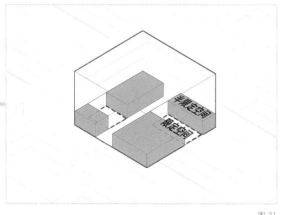

图 21

二层继续将实体盒子错位摆放，不仅分隔了两个空间，还加强限定了一层的虚空间（图22、图23）。

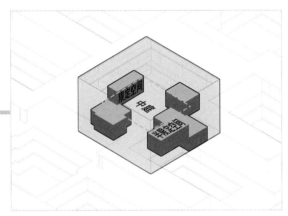

图 22

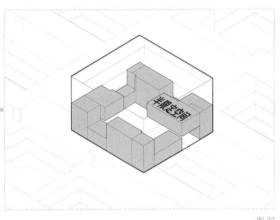

图 23

三层实体盒子再错位，限定出更多空间。盒子上方其实也是半限定的开敞空间（图24、图25）。

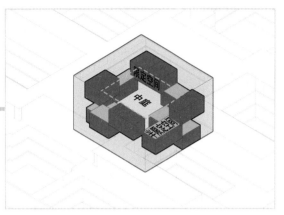

图 24

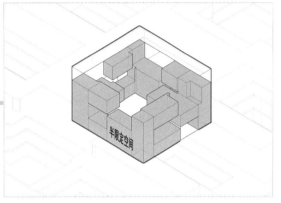

图 25

至此，整个图底空间设计完成。

再次画重点：平面图底关系的关键是正负形各自成图形，而空间图底关系的关键是正负空间各自连续独立（图26）。

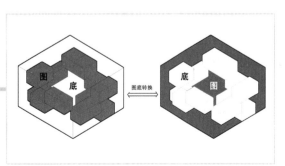

图 26

097

最后，在中庭周围加一圈走廊增强联系（图27）。

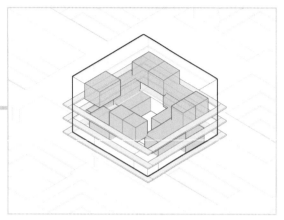

图 27

顶层设置天窗加强采光（图 28、图 29）。

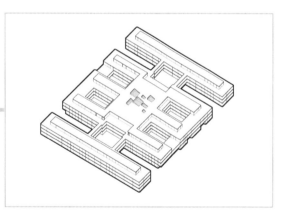

图 28

图 29

所有的室内装潢都采用了北欧木材，这个被称作"生物圈"的小社交中庭因此还获得了木工奖（图 30 ～图 33）。

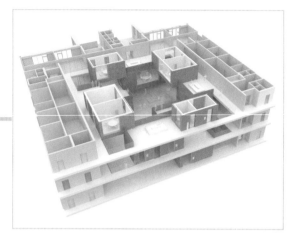

图 30

图 31

图 32

图 33

这种武功秘籍长得就像个香饽饽，江湖好汉们都想来比画两下。Cobe 建筑事务所在赫尔辛基中央图书馆竞赛方案中也用了这招。只不过更简单、更直接，一招鲜、吃遍天——整个建筑都采用了空间限定空间的手法。

赫尔辛基中央图书馆竞赛方案咱们就不多说了，Cobe 的基本想法是把"城市图书馆"变成一个"图书馆城市"，基本做法是把城市打个卷儿塞到基地里（图 34）。

图 34

但因为这个"图书馆城市"的设定，Cobe 的图书馆空间不再局限于简单的阅读和社交空间，而是给出了更细分的多样阅读和多样社交空间。你可以理解成各种各样主题的阅读盒子和社交盒子（图 35）。

多样社交	多样阅读

图 35

那么怎样将这两大类盒子结合在一起呢？当然是想怎么结合就怎么结合了，简称"瞎结合"。理由很是冠冕堂皇：城市本就是个多样化的大熔炉，各类空间之间本就不必划分出楚河汉界（图 36）。

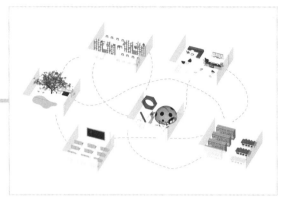

图 36

在空间限定空间的具体操作上，Cobe 的中心思想是用阅览空间限定社交空间。阅览空间是私密的实体空间，社交空间就是开放的半限定空间，并且各空间的形态和面积都不受限制，简直就像设计师拥有一根仙女棒，让空间能够变大变小变漂亮（图 37）。

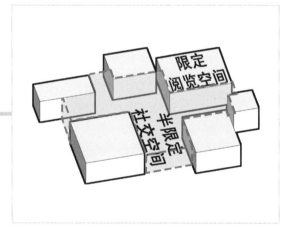

图 37

然后拷贝几层，有多少空间需求就拷贝几层，秒变一个"图书馆城市"（图 38 ~ 图 46）。

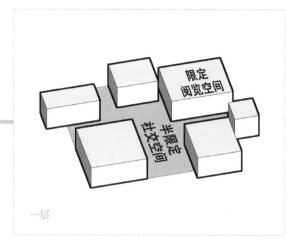

一层

图 38

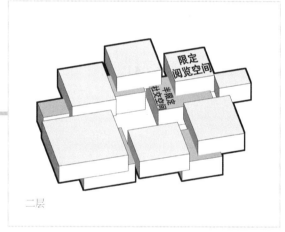

二层

图 39

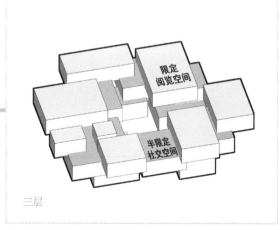

三层

图 40

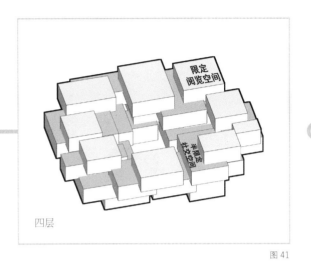

四层

图 41

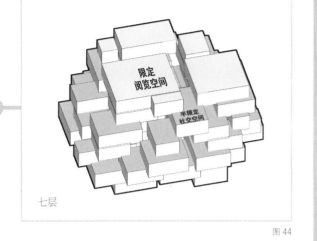

七层

图 44

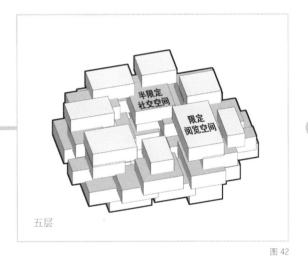

五层

图 42

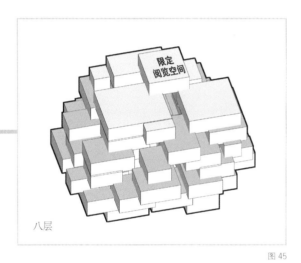

八层

图 45

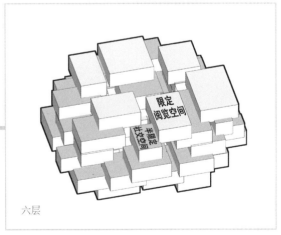

六层

图 43

图 46

各层的社交空间又融合成了一个复合多层的社交多样体。建筑首层虽然需要设置放映厅、报告厅等大盒子空间，但仍然保持了"空间分隔空间"的做法，大盒子空间铺满整个场地，与城市空间无缝衔接（图47）。

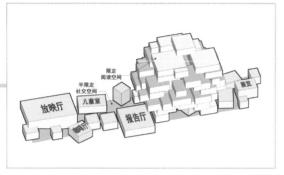

图47

使用玻璃幕墙作为限定内外的轻质围护结构，补齐盒子间的缝隙（图48、图49）。

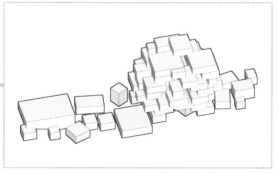

图48

加入轻质围护结构

图49

可能唯一受限制的就是结构稳固问题了，因此搭建时各层之间要保持平衡稳定（图50）。

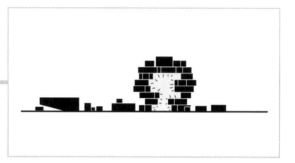

图50

置入交通核和柱子，起到稳固结构的作用（图51、图52）。

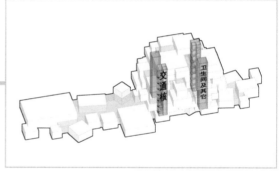

图51

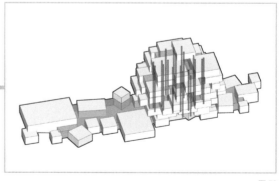

图52

整个建筑内部的封闭限定阅览空间与借助平台形式的开放阅览空间相互贯通，并加入连廊使得内部流线得以循环（图53）。

半限定社交空间 ——

限定阅览空间 ——

图 53

在半限定的社交空间中加入公共楼梯和电梯加强联系（图 54 ~ 图 56）。

图 54

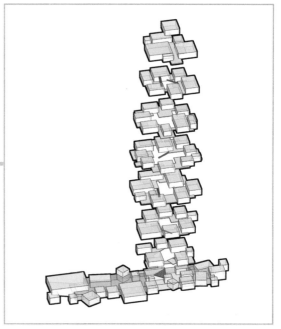

图 55

图 56

再根据各类空间主题定制不同的外壳，建筑基本就完成了，并且由于"空间限定空间"的做法，通风性能也格外优良（图 57）。

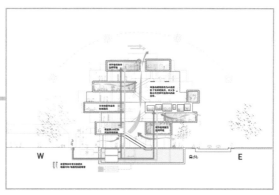

图 57

不得不吐槽的是，这座建筑最后长得有点儿"憨"（图58～图63）。

图58

图60

图61

图59

图62

图63

互联网世界中有一个六度分隔理论，就是说任意两个随机选取、看上去毫无联系的社会个人节点，中间仅仅间隔 6 个人。换句话说，只要你想，你就可以在 6 个人之内和世界上任何一个人搭上话，无论他是比尔·盖茨还是比尔·拉塞尔。但前提是你要相信，人与人之间隔的只是另一些人，而不是一堵堵不可逾越的墙。

空间与空间之间也是空间，真正禁锢你的墙只在你的脑中。

图片来源：

图 1、图 8、图 18、图 29、图 31 ~图 33 来源于 https://www.archdaily.com/908312/life-science-bioengineering-b202-christensen-and-co-architects?ad_medium=gallery，图 2、图 34、图 46、图 50、图 56 ~图 63 来源于 https://www.beta-architecture.com/helsinki-central-library-cobe/，图 30 来源于 https://afasiaarchzine.com/2018/10/christensen-co-2/，其余分析图为作者自绘。

END

怎样用降龙十八掌捉老鼠

图1

名　称：保加利亚瓦尔纳市图书馆竞赛方案（图1）
设计师：Architects for Urbanity 建筑事务所
位　置：保加利亚·瓦尔纳
分　类：图书馆
标　签：台阶，中庭
面　积：28 500m²

建筑学里有个魔咒，八个字：一看就会，一做就废。在每个争分夺秒、万分紧张的设计周期里，建筑师的日常状态就是盯着好几个 G 的案例资料发病——纠结病。

我是借鉴扎哈还是参考妹岛？

B.I.G 这个好像也不错。

好像很多人用过了……

要不再找点儿资料？

还是玩会儿手机吧。

难道你就从来没想过这到底是为什么吗？除了智商上的原因。

我们亲爱的赵老师(本书的第一作者)在"手撕"我们的方案之后是这么说的："学的都是降龙的本事，感觉自己很厉害，但可能一辈子都用不上，毕竟到哪儿都找不到龙。"

很多令人眼前一亮的优秀建筑背后都是我们日常很难遇到的"大"项目、"大"甲方、"大"手笔——都是真龙。人家开局就是屠龙的"玛丽苏"，用的自然就是降龙十八掌这样的高级武功，而咱们开局是个渣，要啥没有啥，主要任务就是抓老鼠、打蚊子，还要什么自行车？

例如，下面这个开局：保加利亚最大的海港瓦尔纳市要建一座新图书馆。

瓦尔纳气候温和，四季分明，是著名的旅游打卡地。再看看基地的位置，正好位于海岸不远处。忽然感觉这次不至于要"落地成盒"，内心还有点儿小激动（图 2）。

图 2

可是仔细研究一下基地环境之后，心里顿时凉了一大半！基地旁是瓦尔纳市政厅，在这片以低层建筑为主的街区，市政厅大楼必须是唯一的王者——也就是说，新建图书馆在高度上要尽量与周围的低层建筑保持一致（图 3、图 4）。

图 3

图 4

107

高度被限制后就别再想看海的事儿了，还是想想图书馆吧，现在的网红图书馆都流行室内大台阶（图5）， 所以我决定了：我这次一定要做个大台阶！谁也别拦着我！

图5

第一步：基本操作

根据用地红线和周边建筑高度，确定建筑体量（图6）。

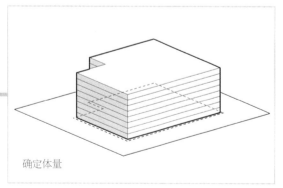

确定体量

图6

根据建筑的功能将体块分为三部分：档案储藏空间的高度为3m；图书馆空间的高度为4m；公共空间的高度为5m，放在底层，直接面向城市（图7）。

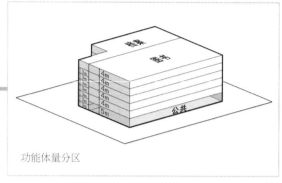

功能体量分区

图7

图书馆功能空间之间则通过中庭连接，让交流活动集中在中庭（图8）。

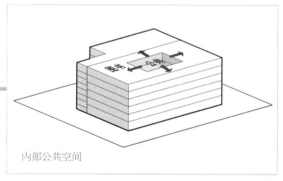

内部公共空间

图8

来啦！

中庭来啦！

交流空间出现啦！

我要开始做大台阶啦（图9、图10）！

图 9

图 10

第二步：网红炫酷大台阶（图 11 ~ 图 13）

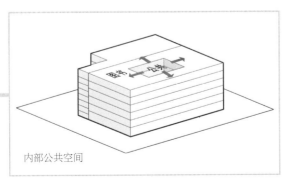

内部公共空间

图 11

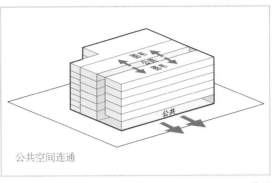

公共空间连通

图 12

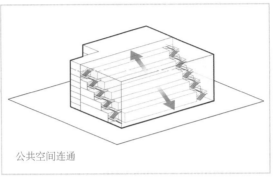

公共空间连通

图 13

根据网红台阶的成功经验来看，台阶上的体验是很重要的，所以我也要在我的台阶上加上多种多样的功能：儿童阅读、媒体艺术小剧场，以及成人阅读（图 14）。

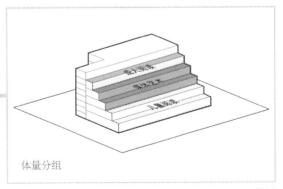

体量分组

图 14

底层作为儿童阅读和游戏的空间，用坡道连接，熊孩子们在坡道上行走也会比较安全（图15）。

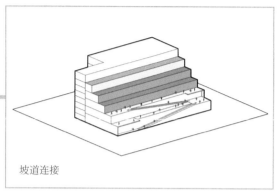

坡道连接

图15

四、五层作为媒体艺术中心，活动台阶也如同一个小型剧场，连接两个楼层（图16）。

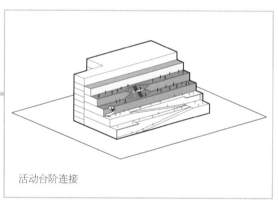

活动台阶连接

图16

而顶部楼层较为安静，作为成人阅读交流空间，用楼梯与下部联系（图17）。

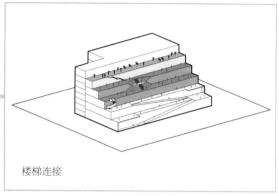

楼梯连接

图17

好完美！好开心！终于用了一回厉害的手法，感觉人生已经达到巅峰！

咳咳，这位同学，醒醒！请问你算面积了吗？2500m² 的基地上，功能面积需要近 17 000m²，建筑地上部分至少 7 层，中庭都快放不下了。请问您这个完美的网红炫酷大台阶是要放在二次元世界里吗？

逆袭第三步：用降龙十八掌抓老鼠

如果不想放弃大台阶，又要满足必需的功能面积，该怎么办？其实这个大台阶有个地方非常浪费，只是浪费的不是面积，而是体积。你在台阶平台上看本书、聊个天，需要几十米的高度吗（图18）？

图 18

也就是说，其实我们只需要保证每个活动平台的合适高度，就可以节省出很多体积来排功能（图 19）。

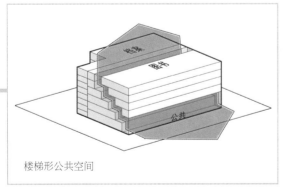

楼梯形公共空间

图 19

在这个方案里，每个平台上方都预留了两层通高来保证公共空间开敞的特点和不同楼层平台视线的联系（图 20）。

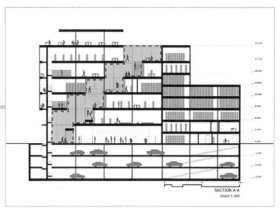

图 20

当然，如果大台阶上需要容纳更高的活动空间，也可以根据需要灵活修改通高空间的高度。反正不管什么活动，只要绿巨人不来，大概率是不需要几十米的高度的，或多或少都能挤出来一些空间体积（图 21 ～图 24）。

大台阶上部通高

图 21

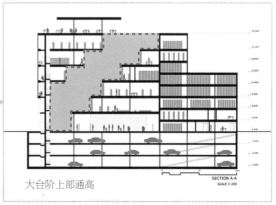

大台阶上部通高

图 22

111

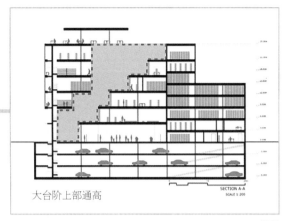

大台阶上部通高

SECTION A-A
SCALE 1:200

图 23

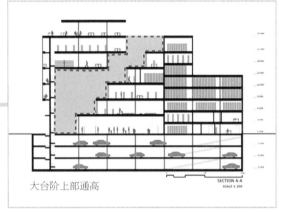

大台阶上部通高

SECTION A-A
SCALE 1:200

图 24

加入上部功能体后，建筑体块被阶梯状的中庭分成两部分。中庭的分割使上部形成具有飘浮感的阅读体块，所以要加强中庭两侧体块的联系，促进交流的设计目的才能得到更好的体现（图 25）。

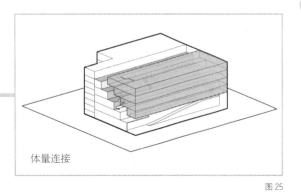

体量连接

图 25

常规中庭的连接就是加设连廊，但连廊的交接仅在两侧空间的边缘，交流也就仅限于空间边缘（图 26）。

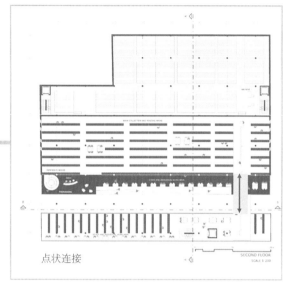

点状连接

SECOND FLOOR
SCALE 1:200

图 26

所以在这里，建筑师将连桥变宽并延长，深入每个体块的内部（图 27）。

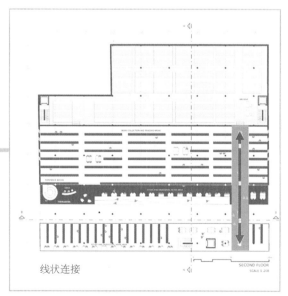

线状连接

SECOND FLOOR
SCALE 1:200

图 27

因此建筑的整体性并没有因为中庭的切割而被
削弱（图28、图29）。

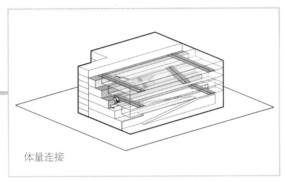

体量连接

图 28

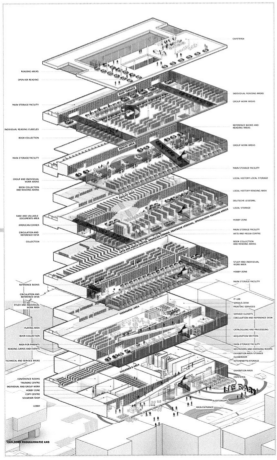

图 29

第四步："照骗"

站在建筑的入口，感觉这个中庭很大，其实这
只是"照骗"而已，因为中庭两端的尽头被扩大，
为拍大全景提供了可能（图30、图31）。

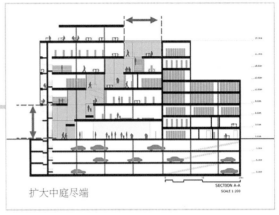

扩大中庭尽端

图 30

图 31

另外，虽然建筑不能太高，但建筑师还是没有
按捺住自己躁动的内心，毕竟海洋就在不远
处——拍不到海的图书馆怎么当网红？

为了保证对建筑高度的控制，又实现看海的愿望，建筑师在屋顶增加了一个小体量空间专门看海。顶部的体量在马路上几乎看不见，所以对建筑高度的影响较弱，整个街区内还是市政厅一家独大（图32、图33）。

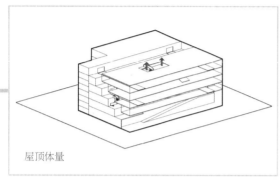

屋顶体量

图 32

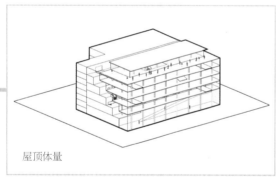

屋顶体量

图 33

第五步：垂直交通和立面设计

最后在内部设置垂直交通，并在立面上强调出建筑的阶梯状中庭，就完成了整个设计（图34、图35）。

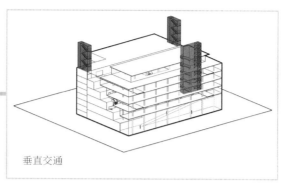

垂直交通

图 34

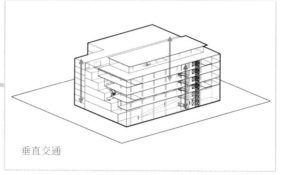

垂直交通

图 35

阶梯形中庭在建筑立面上起着区分体量的作用（图36）。

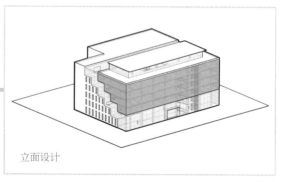

立面设计

图 36

这就是 Architects for Urbanity 建筑事务所设计的保加利亚瓦尔纳市新图书馆竞赛方案。

这次没有意外，就是第一名（图37～图39）。

图 37

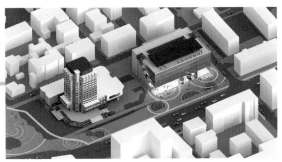

图 38

图 39

拆房部队敲黑板：

①永远记住你是在为一般人类做设计，不是姚明或者绿巨人。

②这个世界上没有龙，能捉到老鼠的猫就是好猫。

③如果一不小心遇到了龙，千万记得去买彩票。

图片来源：

图 1、图 31、图 37 ~ 图 39 来源于 https://www.archdaily.com/778176/architects-for-urbanity-win-competition-for-varna-regional-library，图 5 来源于 https://k.sina.cn/article_6408329238_17df75816001001ib0.html?from=cul，图 9 来源于 https://www.bdonline.co.uk，图 10 来源于 https://www.designboom.com，其余分析图为作者自绘。

END

风箱里的建筑师，两头受气

图1

名　称：巴黎三角大厦（图1）
设计师：赫尔佐格与德梅隆建筑事务所
位　置：法国·巴黎
分　类：公共建筑
标　签：三角，超高层
面　积：92 200m²

如果人类的本质是复读机，那建筑师肯定属于磁带复读机，主要特点是易失真、跳音加卡带。

土豪甲方说：我要盖酒店。

当地群众说：不准盖高层。

建筑师复读机：不准我盖酒（九）层，要不盖高店（点）？

有些事不是努力就可以改变的，五十块的人民币设计得再好看，也没有一百块的招人喜欢，特别是当这些事儿发生在某些地区的时候，比如，巴黎市中心。

没去巴黎浪过的人，不足以谈浪漫。就连美国头号硬汉海明威大爷都说："假如你有幸年轻时在巴黎生活过，那么你余生不论去到哪里，她都与你同在，因为巴黎是一席流动的盛宴。"（海明威《流动的盛宴》）。一句更有名的赞美来自电影《情归巴黎》（*Sabrina*）：美国是我的祖国，巴黎是我的家乡。而联合国教科文组织则直接将整个巴黎市列入世界遗产名录，算是官方盖章了所有人的憧憬（图2）。

图2

然而，再伟大的城市也阻止不了野心家的冒险。有个甲方不知从哪儿来的勇气，打算在巴黎市中心建设超高层建筑！还不是一座，是三座，包括豪华酒店、豪华办公楼，以及一个包含儿童活动、健康休闲、礼堂、展会、购物功能的超级文化综合体。更可怕的是，人家连地都拿到了，就位于巴黎凡尔赛门国际展览中心旁边，两边是差不多每栋楼都可以进博物馆的巴黎老街区。

真是不得不佩服甲方的手眼通天（图3、图4）。

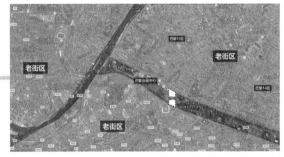

图3

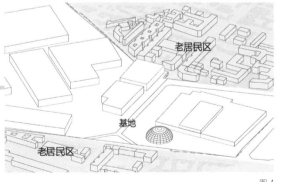

图4

众所周知，巴黎市中心一共就两座高层建筑，一座是整个法国的地标——埃菲尔铁塔，有多出名就不说了，基本上地球人都知道。另一座是1972年跟风现代主义建成的209m高的蒙帕纳斯大厦，因为突兀的外观与巴黎的风格极不协调，导致"楼生"艰难，从建成之日起就遭到了全世界人民的嫌弃，直到2008年还在全世界最丑建筑物评选中排名第二。现在这座大厦的顶楼是全巴黎最著名的观景台——因为那是全巴黎人唯一看不见它的地方。

现在，又有人想来建摩天大楼了，还是组团来的，巴黎人民立即表示：与我有关。

当然，作为"幕后黑手"的甲方肯定是神龙见首不见尾，被推到台前背锅的还是无辜又弱小的建筑师。为了安抚人民群众的情绪，让自己不被打死，一般在历史街区做设计的建筑师都会展现出极强的求生欲。

求生方法1：啥都不敢变，就换换材料行不行。

这种方法最安全，现在无数旧城加建都是采用这种形式（图5）。

图5

但是在这个项目上这个方法却没法用——体量不允许（图6）！

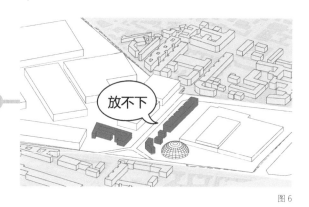

图6

求生方法2：从人民群众的眼前消失。

体量比较大也不是没有办法，可以放在地下把自己藏起来，地上做点公园绿地或者景观雕塑，大家一起愉快玩耍（图7）。

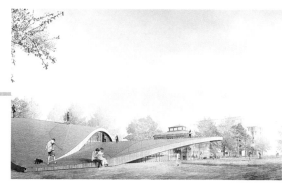

图7

然而在这个超高层项目里，且不说全放地下技术上是否可行，就算可行，别忘了功能是酒店写字楼啊——地狱十九层办公体验吗（图8）？

图8

那么，现在形势就很明朗了。

甲方大佬觉得：就是你无能！这点儿问题都解决不了还敢收设计费？

巴黎群众心想：看把你能的！敢在太岁头上建高层，是觉得老子拿不动刀了吗？

什么叫两头受气？什么叫左右为难？什么叫出力不讨好？总结一下就是：要能给甲方交差，也要对群众有交代。

第一步：减少数量，避免形成规模破坏老城区肌理（图9）

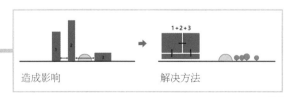

造成影响　　　解决方法

图9

首先看甲方想干啥：120m 高的酒店、160m 高的办公楼以及 20m 高的商业中心，真的是组团来抢占巴黎了。既然一定要盖，那盖一个总比盖三个强，孤木不成林。这样既避免形成规模，蚕食原有的城市肌理和尺度，还能给市民留出一个绿化广场（图10～图12）。

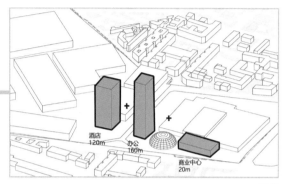

图10

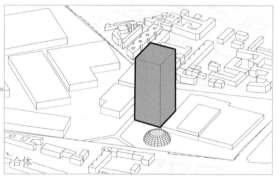

图11

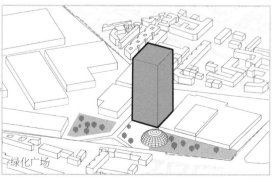

图12

第二步：减少阻挡，减小对老城区天际线的破坏

合三为一后的这个体量肯定是消隐不掉了，不过没关系，我们可以选择让想看见的人多看点，不想看见的人少看点（图13）。

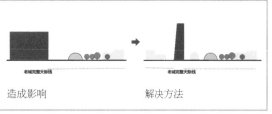

图13

也就是展览中心方向上看大厦尽可能宏伟，而对两边老城区则尽可能少碍眼（图14）。

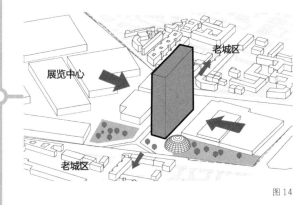

图14

调整建筑的位置和形状，使之以极其窄的边面对老街区，而把主要的展示面留给展览中心（图15）。

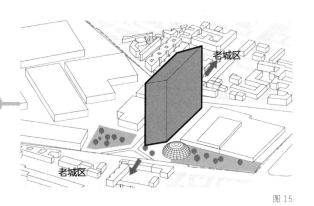

图15

第三步：控制影响，减少对老城区的阴影干扰（图16）

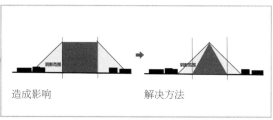

图16

在历史街区搞设计，当地群众不满意的主要原因是你影响到了他们的生活，远在天边的事可能走走嘴，家门口的事儿一定会走心，所以要从根本上消除高层建筑对周边老街区的实际影响（图17）。

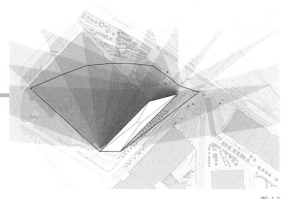

图17

通过测算，把形体调整成特定角度的三角形可以让维多利亚大道上的 12 栋住宅建筑一年当中没有一户家庭会受到超过 40 分钟的阴影影响（图 18～图 20）。

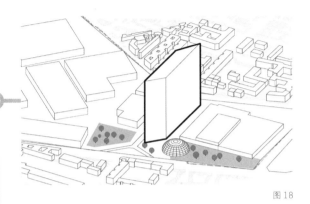

图 18

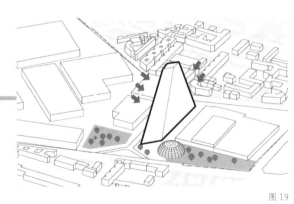

图 19

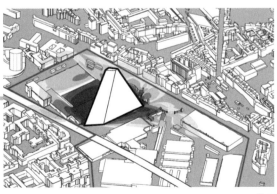

图 20

第四步：延续老城区的城市记忆（图 21）

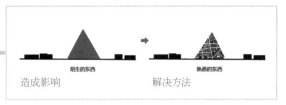

图 21

建筑与城市环境的对话不仅体现在它的轮廓形式和基地位置上，也体现在内部组织的定义和结构肌理的建立上。说白了就是扮猪吃老虎，用熟悉的东西包装一下，解决心理情感问题，让居民感觉被尊重了，也就好接受了。

我们先确定功能（图 22）。

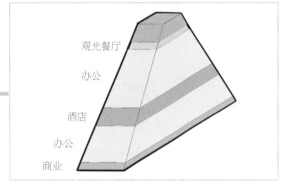

图 22

加入超高层需要的交通（图 23～图 27）。

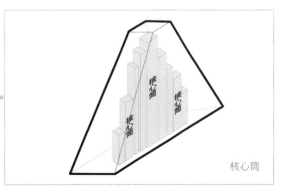

图 23

121

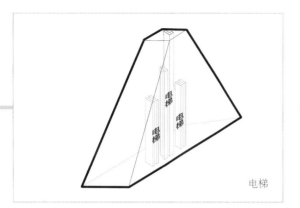

电梯

图 24

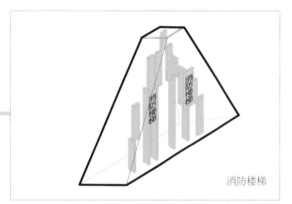

消防楼梯

图 25

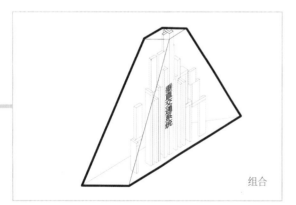

组合

图 26

垂直交通系统

图 27

再加入各层楼板（图 28）。

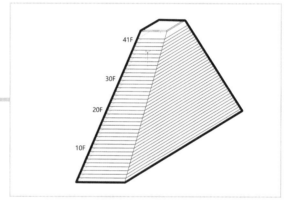

41F

30F

20F

10F

图 28

下面就是表演时间了。

为了表达出对伟大巴黎足够的尊重以及无限的
敬意，在比照了巴黎古城所有的街区形态后，
建筑师终于找到了一个在尺度与形式上都与新
建筑相契合的底本（图 29）。

现存城市街区　　提取城市肌理

图 29

然后把老城肌理直接拿过来当作空间结构，使新建筑如老街区一般开放，为周边服务，公共交通网络也都汇聚在此（图30）。

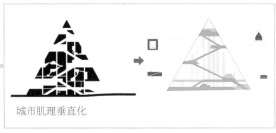

城市肌理垂直化

图30

致敬没有止境。

每个观景平台的高度也都取自巴黎著名建筑的高度（图31～图33）。

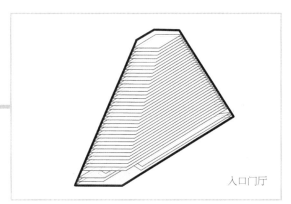

入口门厅

图31

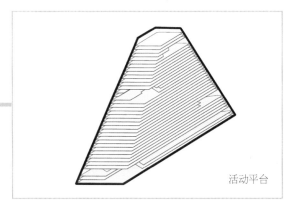

活动平台

图32

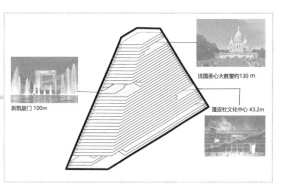

新凯旋门 100m

法国圣心大教堂约130 m

蓬皮杜文化中心 43.2m

图33

第五步：调节建筑细节

蒙帕纳斯大厦的"楼生"经历告诉我们：虽然广大人民群众不想看见超高层，但都想在超高层上俯瞰城市，所以新建筑从一开始就摆正了自己作为观景台的"楼生"定位（图34），特别是不能辜负面向历史城区的那两条变着花样地展现巴黎的窄边。

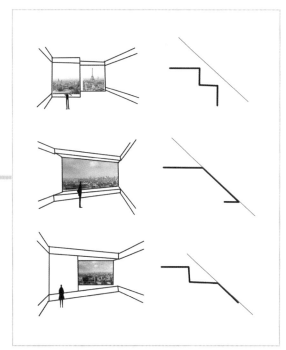

图34

调整开窗角度，获得更多的城市景观（图35、图36）。

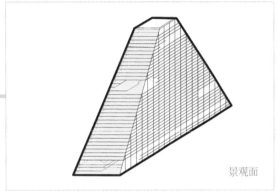

景观面

图35

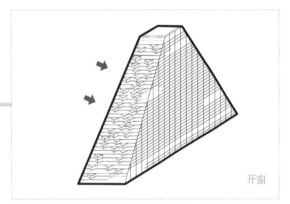

开窗

图36

同时也形成了较为丰富的室内空间（图37、图38）。

图37

图38

至此，建筑师表示已经尽力了。要杀要剐随便吧，老子真的带不动了。这就是赫尔佐格和德梅隆"冒天下之大不韪"设计的巴黎三角大厦（图39）。

图39

结果怎样呢？方案于2008年首次公布于众，到现在已经十几年了，金主甲方、政府官员、巴黎群众、媒体舆论乱哄哄地你方唱罢我登场地撕了十几年，总统换了好几任，效果图也出了好几版（图40）。

图40

方案更是反复修改，最新成果是将分散的平台集中成入口门厅和顶部观景平台两部分（图41）。

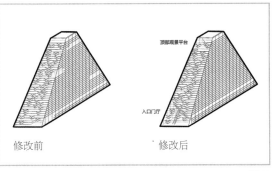

图 41

到现在早已经不是设计的问题了。其实，建筑师很多时候都是在各方压力的裹挟中玩命奔跑，卖命周旋，拼命生长，以保护手心里闪烁的设计初心，但最后也只能听天由命。

建筑师不是神，能做的很多，能做的也很少。

END

上帝说，这是什么破方案？
干干巴巴的，盘它

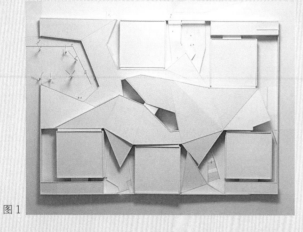

图1

名　称：葡萄牙 Caneças 高中（图1）
设计师：ARX Portugal 建筑事务所
位　置：葡萄牙·奥迪维纳斯
分　类：学校
标　签：庭院，碎化
面　积：11 600m²

我，一个挣扎在设计院底层不配拥有姓名的小破"建筑狗"，主要负责破活儿、烂活儿、打杂的活儿。别给我灌什么"没有小设计，只有小设计师"这种"毒鸡汤"，你一个做老破旧修复改造的能和人家做地标高层体育馆的人比吗？

建筑这玩意儿，说白了就是看出身，有些项目天生要强，什么美术馆、博物馆、体育馆等各种馆，就算你做得再难看，也可能凭难看上个热搜，而有些项目……也不能说注定要凉，应该说根本就没人在意你凉不凉。什么叫天妒英才，就是没人在意笨蛋活多久。

而到我手里的项目，基本上都属于没人关心的这种，就像所长上午刚丢来的这个。

葡萄牙首都里斯本郊区加奈萨斯的一所高中，20世纪建校的时候觉得自己地广人稀，还财大气粗，建了零零散散的几座房屋就为了把地占满（图2）。

图2

现在学校发展壮大，觉得房子不够用了。但奈何20世纪的建筑质量实在太好，除了老点儿、破点儿、小点儿，基本没毛病。主要还是学校没钱，推倒重建就想都不要想了。所以，这个破活儿的主要任务就是旧建筑修葺，然后新建一个小报告厅、一个学生餐厅以及一座办公楼。

先不说修葺的事儿，就说你当初把地占这么满，我上哪儿给你新建去啊（图3）？

改造区

图3

好在校方良心发现，最终同意拆除一栋老房子做新建用地，并千叮万嘱：只能拆一座哦，再拆真的没钱了。行吧，虽然活儿不怎么样，但生活还得继续，为了房租水电盒饭钱，也要打起精神来好好干。

127

一般旧建筑改造也就两大套路：

1. 先来后到型

新建筑完全延续原有建筑特点，实现新旧融合
（图4）。

图5

在我们这个项目里，不管用上面哪个套路，新
建功能大概也只能放在原有建筑的缝隙里。至
于做成什么样子，就看甲方喜欢什么了（图6）。

图4

2. 势不两立型

管你原来什么样，反正我就这个样！新旧对比
强烈，新建筑形成新风景（图5）。

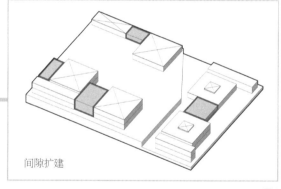

间隙扩建

图6

但是，没想到甲方钱不多，梦想却很多！

第一次汇报之后，这个里斯本郊区的小小高中
终于暴露了全部的野心："我们不想花钱，也
不想拆房子，但是我们想要一所新校园，就是
很新很新的那种，一点儿也看不出原来痕迹的
那种，最好让大家都以为我们就是全拆了重新
建的那种。但是原来房子不能拆啊，我们真的
没钱。你明白我的意思了吗？"

"明白了，我觉得您不需要一个建筑师，您需要的是上帝。"

上帝：谁叫我？哦，做设计啊，好说好说！

《圣经》里讲过一则故事，大概意思就是上帝出本钱让三个人去做生意，发了财的回来加官晋爵还有奖金，没发财的回来不仅要挨打，连本钱都被没收。上帝定的这个既不公平又不友好的游戏规则在社会学领域就叫作"马太效应"。简单说就是，有的就给更多，没有的就把仅有的也抢走。富的更富，穷的更穷。给了你丑的外表就要给你低的智商，以免显得不协调。

现在，我们就可以用上帝他老人家这个不友好的规则来盘盘这个破方案。

比如，一个完整图形，中间画条线之后分成两个图形，再画一条线分成四个图形，似乎画得越多越分裂，但只要画得足够多就又会变成一个整体——因为你画了一个迷宫（图7～图12）。

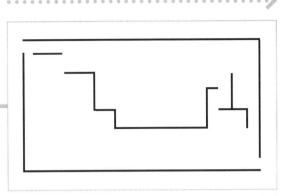

图8

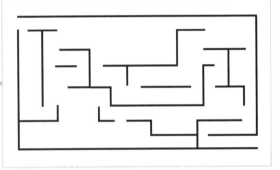

图9

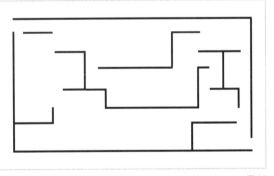

图10

图7

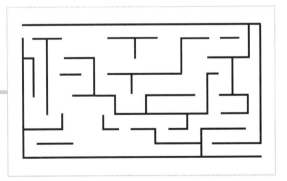

图11

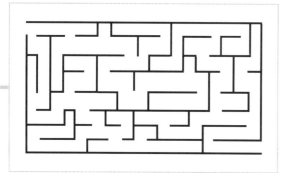

图 12

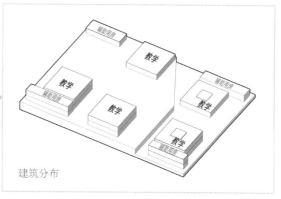

建筑分布

图 14

我们这个项目也是如此。根据马太效应，原有建筑已将场地分割成几个大块，要想获得一个整体的新建筑就要持续不断地分割（图 13）。

最简单的是用线把每一个物体串联起来。一个方形体量在平面上有四个锚点，那就全部都连上（图 15）。

图 13

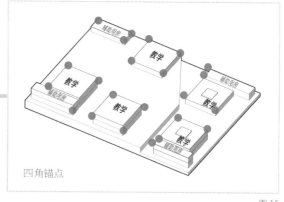

四角锚点

图 15

1. 用连接建筑角点的斜墙划分空地

如同迷宫的形成，想让校园成为一个整体，每个建筑就都需要参与到连线中，当建立了足够多的联系，校园自然就变成了一个整体（图 14）。

选取每个建筑体量的角点，随机连接每个建筑（图 16）。

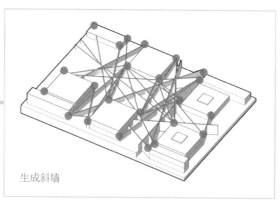

生成斜墙

图 16

2. 减少斜墙对建筑采光边界的影响

角点连线后，我们可以选择在旧建筑边缘形成庭院，避免了新增加的建筑体量对现有建筑采光的影响（图 17）。

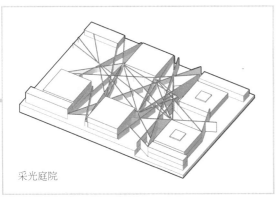

采光庭院

图 17

庭院的分布也是教学楼与公共活动区域之间的天然隔离（图 18）。

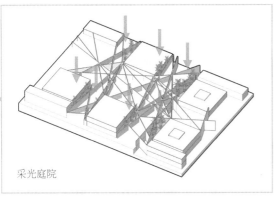

采光庭院

图 18

3. 路径引导

虽然足够多的连线使所有建筑成了一个整体，但每一个建筑依然需要梳理出自己与出入口间的联系。

新路径可以根据墙体走向和教学楼方向设计，也就是在零乱的墙体中选择最近路径，但这也不是唯一的，只要保证所选路径是在网格的控制中即可（图 19、图 20）。

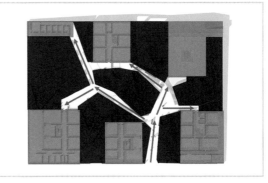

图 19

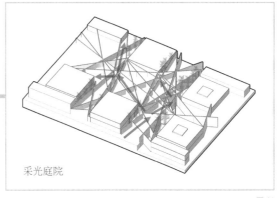

采光庭院

图 20

同时，在路径上的墙体会被去除，形成通往每栋楼的通道（图 21 ~ 图 23）。

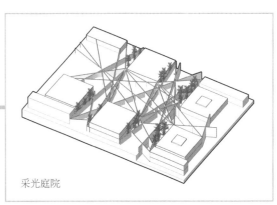

采光庭院

图 21

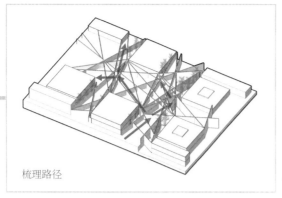

梳理路径

图 22

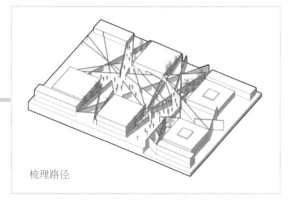

梳理路径

图 23

4. 打散新增功能体量

需要新增的报告厅和校园休闲餐饮等功能被打散分布在整体网线中。为满足使用功能，通过继续增加墙体的方法来强化限定，梳理出适合放置功能体量的空间（图 24、图 25）。

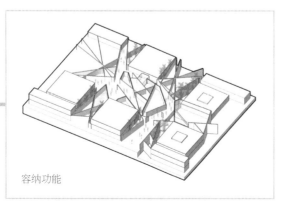

容纳功能

图 24

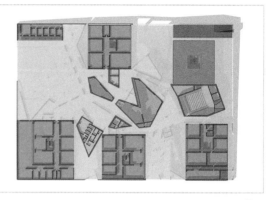

图 25

5. 端头放大增强外部联系

为了与校园周边环境呼应，减去与边界处的墙体，并在公共空间的端头设置公共广场（图 26）。

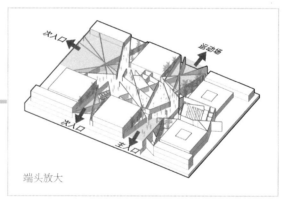

端头放大

图 26

结合广场设置活动台阶，既解决场地高差问题，也使广场成为适合学生停留的场所（图 27、图 28）。

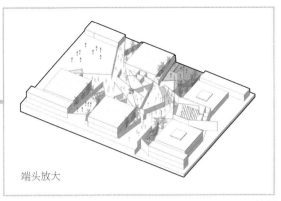

端头放大

图 27

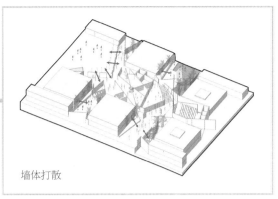

墙体打散

图 30

图 28

图 31

6. 公共空间与庭院广场的过渡

外围广场处的墙体被切分成小块并降低高度，加强庭院、广场与网状公共空间的联系（图 29 ～图 32 ）。

图 32

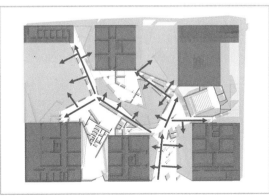

图 29

最后用折面三角形屋顶覆盖底部墙体限定出的
不规则公共空间，使新增体量与原有建筑形成
一个整体（图33、图34）。

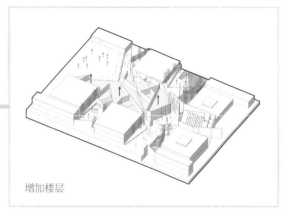

增加楼层

图33

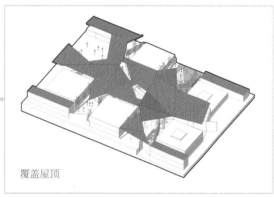

覆盖屋顶

图34

这就是由 ARX Portugal 建筑事务所改造设计的
葡萄牙 Caneças 高中，一个被上帝盘过的方案
（图35 ~ 图40）。

图35

图36

图37

图38

图39

134

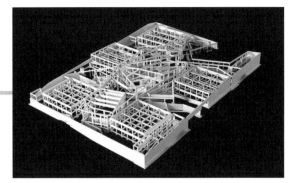

图 40

作为一个挣扎在设计院底层，不配拥有姓名的
小破"建筑狗"，我只能祈祷：上帝啊上帝，
明天就要交图了，请给我做个方案吧!

上帝：你给我现实点儿!

我：请给我个女朋友吧。

上帝：任务书拿来!

图片来源：

图 1、图 28、图 35 ~ 图 40 来源于 https://www.gooood.cn/
Canecas-High-School-By-ARX-P.htm，其余分析图为作者
自绘。

END

怎么嗑停车楼和美术馆这对『挺美 CP』

图1

名　称：林肯大街 1111 号综合停车大楼（图 1）
设计师：赫尔佐格与德梅隆建筑事务所
位　置：美国·迈阿密
分　类：停车场
标　签：结构变形
面　积：15 000m²

现在这世道,无论干什么都能组出一对,不对,是 N 对 CP(英文 couple 的缩写,表示人物配对关系)。自古红蓝出 CP,黑白天生是夫妻,最是销魂红绿配,天然金紫成双对……总之一句话,人间不容单身狗。

连哪吒和敖丙这种往远了说是正邪不两立,往近了说是物种都不同的两个人物都能组个"藕饼" CP,不得不说,留给单身狗的时间已经不多了。

但在建筑圈组 CP 却不是什么容易的事,那种大家喜闻乐见、津津乐道、嗑上就停不下来的反差 CP 在建筑圈几乎不存在。你能想象温润如玉、气质高雅、颜值爆表的美术馆和画风狂野、简单粗暴、乌烟瘴气的停车楼在一起相亲相爱、愉快玩耍吗?

然而,永远不要低估一个热爱嗑 CP 的灵魂,特别是当这个灵魂还有一副有钱皮囊的时候。

有个叫温纳特的美国土豪在迈阿密有一块极好的地,就位于迈阿密市林肯路 1111 号(这门牌号看着就很贵),南边紧邻一条直通海边的景观步行街,街上熙熙攘攘,风景十分优美(图 2)。

图 2

虽然这块地的位置自带明星光环,却是天生不得志的命,因为它是旁边林肯路购物中心的停车场,如今能做的也只是把停车场变成停车楼(图 3)。

图 3

好在我们的甲方温纳特先生是资深 CP 爱好者,深知一座孤零零的停车楼是没有前途的。所以,他找到了建筑圈最硬核的 CP——"高清兄弟"赫尔佐格和德梅隆——来帮他完成这个心中盘算了很久的 CP 计划。

137

这个计划说起来很简单：因为停车楼满负荷承载的时间并不多，所以温纳特先生打算在停车楼里偷偷藏一座美术馆，空闲时候好办个画展吸引人流。唯有两个要求：一是美术馆和停车楼可以随时转换、无缝连接；二是从外观上不能让美术馆暴露，毕竟这只是一个停车楼项目。

所以，这就是个腹黑停车楼与傲娇美术馆的组合，简称"挺美CP"。

首先，做一个标准的普通停车楼，要立柱子（图4）。

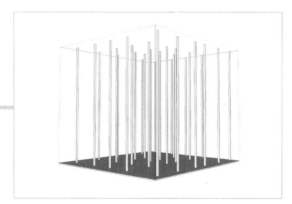

图4

加梁（图5）。

图5

加楼板（图6）。

图6

一个平淡无奇、无风格、无CP的停车楼就长这样。接下来我们要做的就是把美术馆藏进去。

注意，甲方的要求是停车楼可以和美术馆随时转换，也就是说它们是一体的，这种找块地方专门围出个美术馆的想法可以直接被淘汰了。

那么问题来了：停车楼和美术馆在本质上是什么不兼容？别说什么空间氛围、功能属性相差太大，反差CP萌的就是这个。真正阻碍它们的其实是——墙。

墙是停车楼的行进阻碍，却是美术馆的展示载体，只要在墙的问题上统一了，兼容问题自然也就解决了。所以，这里需要建筑师发动的不是空间设计技能，而是结构设计技能。

基本知识点：我们这个普通停车楼由最普通的梁板柱结构组成，楼板将建筑荷载传递给梁，梁再将建筑荷载传递给柱子。但如果你上学时认真听过建筑结构课就会知道，有的时候梁其实挺浪费材料的。

根据施工方的实际经验，板传递给梁的力集中在梁的两端，在这些位置钢筋就会增加，而梁的中间真正的受力很少，所以中间部分其实是可以去掉的（图7）。

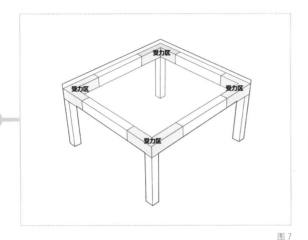

图7

第一步：去梁

去掉梁之后，人在建筑中的视野更加纯粹，也更加开阔（当然，去梁之后柱子也要发生相应的变化才能满足结构要求，这点会在后面说）（图8）。

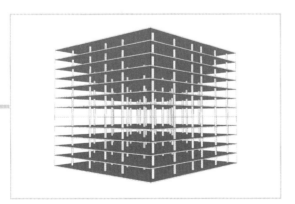

图8

第二步：改变层高

美术馆需要的展览尺度与单纯的停车尺度必然不一样，就算仅仅是停车，大车和小车需要的空间高度也不一样。所以，调整楼板高度，由统一层高变为按需所取的不均匀层高（图9）。

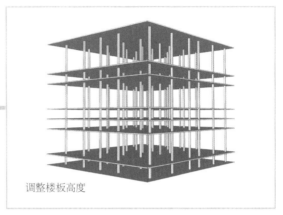

调整楼板高度

图9

第三步：柱子变形

改变柱子的形态，也就是让柱子变成兼顾梁的受力点的复合构件，满足结构要求。建筑师以最稳定的三角形为基本元素，变换出三种异形柱（图10）。

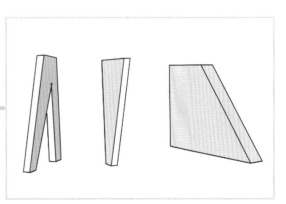

图10

柱子由点状变为面状，也就兼顾了墙的作用，可以作为美术馆的空间限定与展墙使用（图11、图12）。

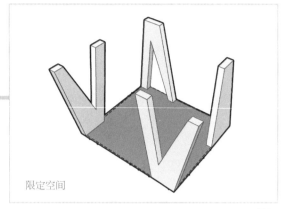

限定空间

图11

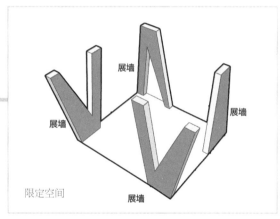

展墙

展墙

展墙

限定空间

展墙

图12

然后将这三种形态的柱子首尾相连，形成竹节一样的结构形态，只在其受力的位置进行加固，便可更有效地增强受力性能（图13～图16）。

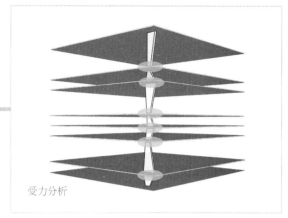

受力分析

图13

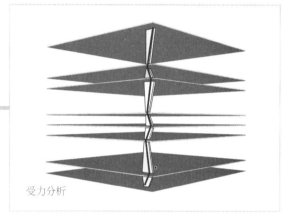

受力分析

图14

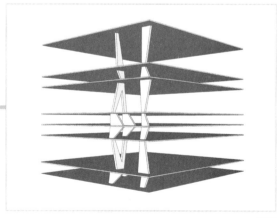

图15

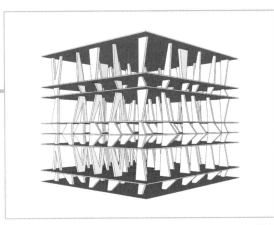

图 16

至此，这个和美术馆组 CP 的停车楼也就基本成型了，再加上盘旋车道与交通就可以收工回家了。

"高清兄弟"赫尔佐格和德梅隆十分喜欢自己的这个方案，甲方温纳特先生也十分喜欢这个方案。但问题是，还有很多很多其他人也对这个方案表示了十分强烈的喜欢。他们是餐馆老板、商店老板、品牌代理商、画廊策展人、婚礼策划人，等等。大家纷纷举手发言：这么前卫有个性的建筑做停车楼太可惜了，而且也没有那么多车需要停啊，所以请租给我一块地方开店吧。

温纳特先生一想：也是，来的都是钱，啊不，都是客，既然大家这么热情，那就让建筑师兄弟再改造一下吧，酌情留出临时停车的空间就好了。另外，这座建筑如此受欢迎，我作为甲方不给自己加点特权也实在说不过去，那就在顶层给我做个私人住宅吧。

1. 加商业

因为实在供不应求，索性整个底层都开放成商业空间，最终入驻了 11 家店铺和 3 家餐馆（图17）。

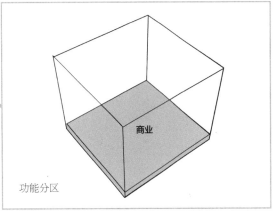

功能分区

图 17

2. 加展厅

基地的东面为一片大海，所以面向东方的整个垂直部分布置为展览展示的公共空间（图 18）。

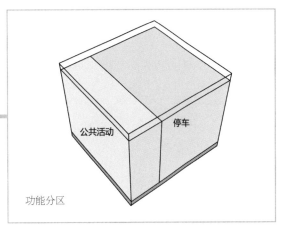

公共活动　停车

功能分区

图 18

3. 加住宅

最后，整个顶层都给甲方做了私人住宅——完全是 VIP 中的王者啊（图 19）。

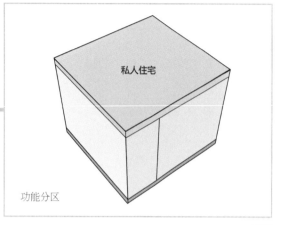

功能分区

图 19

这样布置功能后，原来那个主要为停车设置的简单交通方案肯定是不行了，所以要开始重新梳理交通方案。一层底商入口内收，更大限度地吸引人流，同时中间断开，向上去的人流从正面进入，车流从建筑的背后进入（图 20 ~ 图 27）。

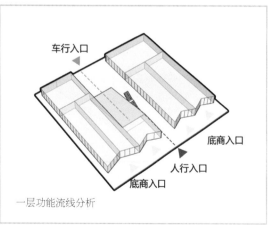

一层功能流线分析

图 20

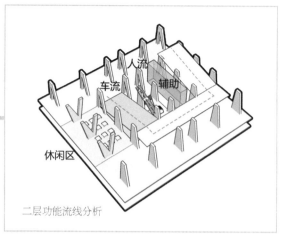

二层功能流线分析

图 21

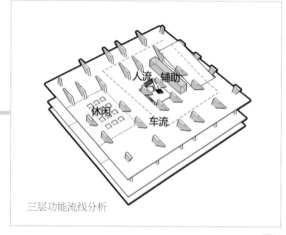

三层功能流线分析

图 22

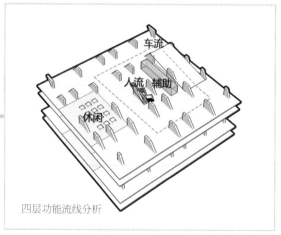

四层功能流线分析

图 23

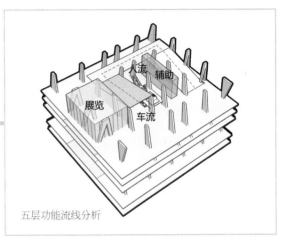

五层功能流线分析

图 24

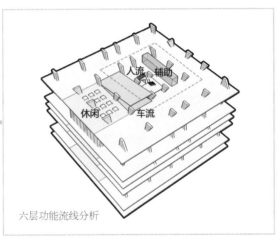

六层功能流线分析

图 25

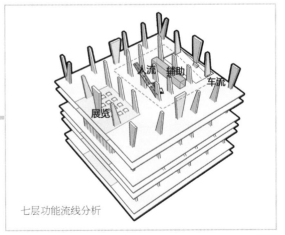

七层功能流线分析

图 26

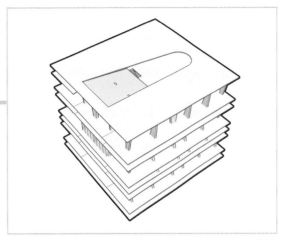

图 27

顶层是特别为甲方定制的私人住宅，后来甲方还嫌不够，又在屋顶加设了一个花园游泳池，现在这个屋顶经常被用来办婚礼（图 28）。

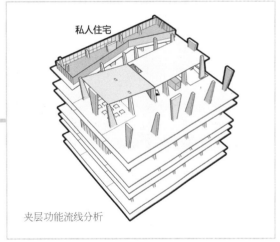

夹层功能流线分析

图 28

这就是赫尔佐格和德梅隆设计的林肯大街1111 号综合停车大楼，一栋因组 CP 而改变命运的建筑（图 29 ～图 35）。

图 29

图 30

图 31

图 32

图 33

图 34

图 35

拆房部队敲黑板:

这世上没有嗑不了的 CP。

不要害怕意外,建筑会因意外而更加美丽。

图片来源:

图 1、图 29 来源于 https://www.archdaily.com/523080/from-facades-to-floor-plates-and-form-the-evolutionof-herzog-and-de-meuron/,图 30 ~ 图 32 来源于 http://www.archcollege.com/archcollege/2017/07/36128.html,其余分析图为作者自绘。

END

你们要的老板来了：
它凭什么以一敌五百四十三

图1

名　称：Oodi芬兰赫尔辛基中央图书馆（图1）
设计师：ALA建筑事务所
位　置：芬兰·赫尔辛基
分　类：图书馆
标　签：悬挑，空间切分
面　积：17 250m²

有一种神仙打架，叫芬兰赫尔辛基中央图书馆设计竞赛。这次竞赛不仅参赛作品有544个，能抵一个加强营，重点是参赛者还都身怀绝技、各有奇招。这种良心竞赛一举解决了多少"方案狗"一年的灵感来源啊（图2）。自从收藏了赫尔辛基中央图书馆的设计方案，老板再也不担心我的方案啦！

图2

结果你已经知道了，芬兰本土男团 ALA 建筑事务所赢得了设计费（图3）。

图3

那么灵魂拷问来了：都是大罗金仙，凭什么 ALA 独占鳌头？

先来看一下竞赛用地：基地位于芬兰赫尔辛基市中心，东南角临近火车站，西边与芬兰议会大厦隔着市民广场相望，周围环布音乐厅、博物馆、美术馆、大学、公园等诸多重要建筑与美丽景观，可谓格调与喧闹齐飞，文艺共玩乐一色。

换句话说，你确定在这地界儿能静下心来看书？请记住这个疑问（图4）。

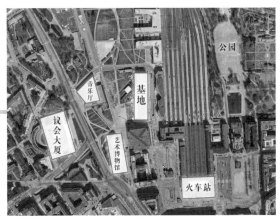

图4

由于选址在寸土寸金的市中心，且用地面积也不算太富裕，所以为了充分利用空间，大部分方案都采用了顺应地形的方形体块，ALA 也不例外（图 5）。但这也是芬兰男团唯一与其他五百四十三位合拍的想法了，开局之后 ALA 的操作都有"毒"。

图 5

首先，这是一个位于繁华市中心的图书馆。普通建筑师的想法：周围很吵闹，读书需要安静。ALA 的想法：周围很吵闹，读什么书！起来嗨！

其次，场地周围有很多公共活动的广场。普通建筑师的想法：资源共享，就不用再做广场了。ALA 的想法：资源共享，还缺一个室内广场，要不然下雨刮风去哪儿嗨呢？

总之，ALA 的基本设计原则是：这里或许需要一座叫"图书馆"的建筑，但绝对不需要一座安静读书的建筑。因此在大家忙着排布各种阅览功能时，ALA 解锁了一项新功能——"城市客厅"。其实就是一个有屋顶的广场，不用买票、不用安检、没有风雨、没有暴晒；大家随便进、随便坐、随便玩、随便嗨（图 6）。

图 6

于是在 ALA 这里，赫尔辛基中央图书馆就有了三大功能分区：城市客厅、阅览区、其他辅助功能区。结合最初确定的长方形体块，就有了三种排布可能（图 7）。

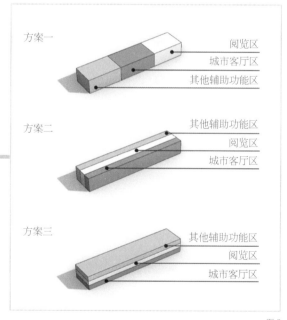

图 7

当然，要发挥城市客厅——室内广场的作用，就只能选择方案三——平铺最大化（图 8）。

图 8

那么问题就来了：广场也是要面子的，你说你是广场就是广场了，还室内的？所以，下一步要解决的就是怎样让这个"室内广场"与"室外广场"自然连接，能真正起到广场的作用。

由于东南角有火车站，且南面为主城区，人流量很大，因此对建筑南端进行斜切，退让出一个入口广场，并形成入口（图9）。

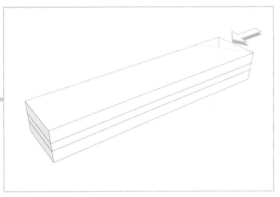

图 9

建筑主立面朝向市民广场和芬兰议会大厦，同时也是重要的入口空间。在这种长条立面上开设入口，常规操作是入口处内凹再加设雨篷（图10）。

图 10

但是，想要室内外广场自然连接，就不能出现雨篷、大门这些很明显的空间限定。于是 ALA 把入口处的立面向内进行局部翻转，一步达成"入口处体块内凹"以及"雨篷遮蔽"的双重效果，更重要的是形成了一个室内外的灰空间，将广场人群自然引入建筑内部（图11）。

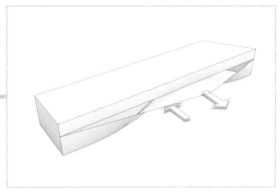

图 11

然后用楼板盖住豁口，顺便在第三层形成了一个巨大的阳台空间（图12）。

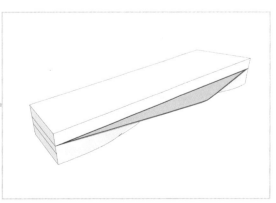

图 12

说到这里，估计很多小朋友都已经跃跃欲试了，觉得自己可以捏一个一模一样的主入口。我相信你一定能捏出来，而且还相信你不但能捏出来，还会开始排柱网，最后把优雅的大悬挑生生地变成朴实无华、接地气的"牙签穿牛肉"。

为了保证入口空间的广阔视野与广场般的使用体验，就不能立柱子。否则还算什么城市客厅？谁家客厅里站一排柱子？所以，我们应该怎么办？当然是去求结构大佬救命了。

一个贴合翻转式形体的桥形结构，跨度上百米，悬挑十多米，配合桁架结构使用，就能在整个首层形成无柱空间（图13）。

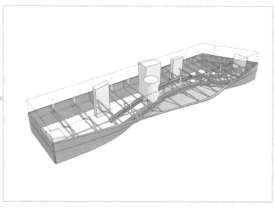

图13

不过问题又来了：结构跨度上百米虽然很帅，但这结构厚度有将近4m那么高，是不是有点儿太浪费空间了（图14）？

图14

ALA的有毒操作再次上线。我们前面说这座图书馆被分成了三大功能，除了底层的城市客厅，还剩下阅读功能与辅助功能。这个全障碍不采光的结构层作为阅读空间肯定是不太合适了，那么就只能作为办公、藏书等辅助功能使用了（图15）。

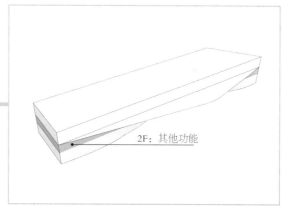

2F：其他功能

图15

但是，这层空间的问题实在太多：结构构件占地太大，自然采光与自然通风不佳，层高太低让人压抑等，真要布置使用功能也不是件容易的事儿。此时，普通建筑师的想法是，即使问题再多，也要绞尽脑汁想办法排房间。而ALA的想法是，问题太多，那就别排了。理由相当正义：人们一定不会喜欢在这种问题房间里工作的，不喜欢心情就不好，心情不好就干不好工作。

那怎么才能让心情变好呢？就这个问题，ALA很认真地去做了问卷调查。调查结果不出所料，很多事情都可以让心情变好，如玩游戏啊、做手工啊、听音乐啊、做运动啊……只要不是一本正经地坐那儿工作。

所以，ALA就把所有这些能让人开心的事情都统统放在了"问题层"，什么3D打印、用电脑激光切割机做手工、桌游、电脑游戏等，还可以租借血压仪、老花镜、指南针、雨伞、充电器、头盔、电钻、读卡器、手提电脑、iPad、摄像机、耳机、键盘、扫描仪，甚至还有溜冰鞋、滑雪板、网球、哑铃、飞碟等体育用品。人们一旦沉迷于玩耍，也就注意不到那些空间存在的问题了。是不是很机智（图16）？

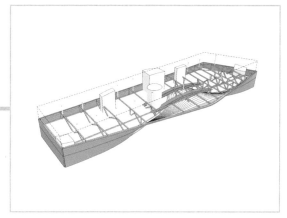

图17

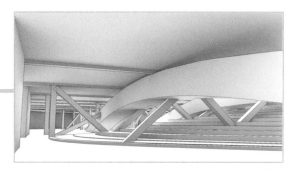

图18

图16

而由于结构原因在二层建造的倾斜空间，反过来也影响了建筑空间的设计，网红大台阶交流空间由此产生（图17～图19）。

图19

至此，二层已经完全不适合放阅读功能区了。那么，阅读功能还剩下三种布置方案。

方案一：全部布置在一层

这当然不行，除去城市客厅，剩下的面积太小
（图 20）。

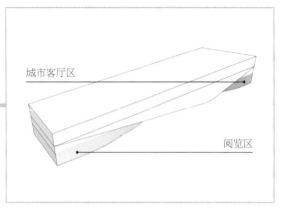

图 20

方案二：分散在一层和三层

这当然也不行，不仅侵占城市客厅面积，而且
不便于读者穿行（图 21）。

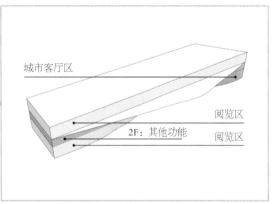

图 21

方案三：阅读功能集中在第三层

这个可以有。因为三楼不仅可以享受侧光和天
光，还有个由立面内翻形成的露台在等着用呢，
听起来很不错（图 22）。

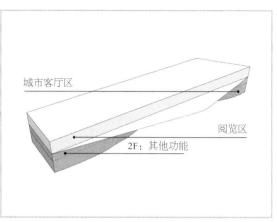

图 22

果断选择方案三！

然而新的问题又又又来了。虽然对 ALA 来说，
竞赛任务书基本已经形同虚设了，但如果连基
本的藏书和阅览区面积也不满足的话，组委会
颜面何在？真以为我们不敢废标吗？

然而，如果按照常规的"走廊 + 房间"布局，
当然会显得局促。毕竟建筑总长度有 140m，
一条长走廊从头到尾就得占将近 300m²，再加
上每个阅览室都被墙体切割后，空间就更小了
（图 23）。

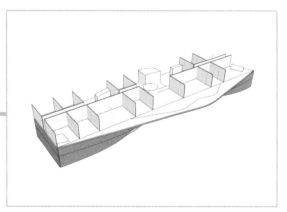

图 23

为了满足要求，1m²都不能随便浪费。所以ALA把三层阅览区完全打开，什么走廊、隔墙都不要（图24）。

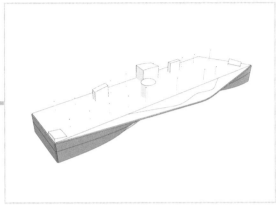

图24

但是近5000m²的大空间，总得分区吧。藏书区、儿童阅览区、成人阅览区等，一个都不能少。又不能用墙，怎么办？芬兰男团再潇洒，这时也潇洒不起来了——废标是闹着玩的？

对此，ALA真的是把能用的办法都用上了。

办法1：垂直交通空间分隔法（图25）

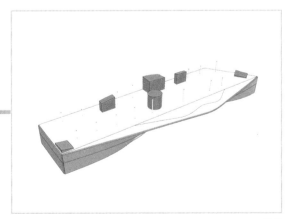

图25

办法2：三角中庭分隔法（图26）

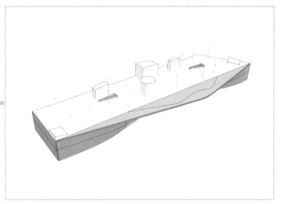

图26

为什么是三角形中庭？其实就是为了在凸显存在感的同时，又削减实际占地面积（图27）。

图27

办法3：高差分隔法（图28）

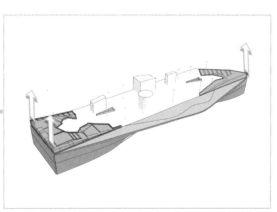

图28

以三步台阶为分隔，就可以把空间切分成多个小组团（图29）。

图29

另外，高差不仅可以切碎空间，而且还可以形成有趣的夹层空间，这也提高了空间利用率（图30、图31）。

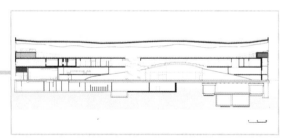

图30

图31

办法4：半包围空间分隔法（图32）

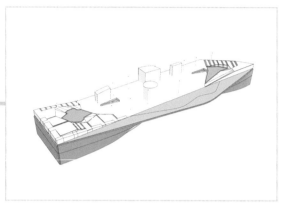

图32

高地空间如果设置成半包围形态，那么被它包围的盆地空间也就有了独立性（图33）。

图33

办法5：种树分隔法（图34）

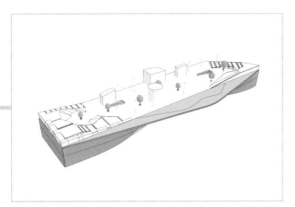

图 34

室内的植物不仅可以起到装饰作用，而且也能形成弱限定（图 35）。

图 35

把以上所有的分隔方法都加在一起，就完成了阅读功能的分区（图 36）。

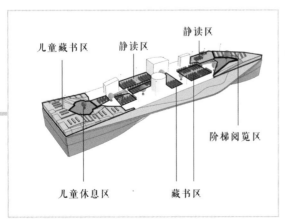

儿童藏书区　静读区　静读区
阶梯阅览区
儿童休息区　藏书区

图 36

买五送一：屋顶分隔法

云状曲面屋顶使得室内层高有着连续不断的柔和变化，同时形成半限定弱分割（图 37）。

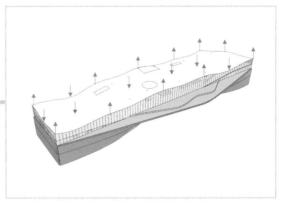

图 37

在屋顶上开设天窗，进一步改善阅览区的自然采光（图 38、图 39）。

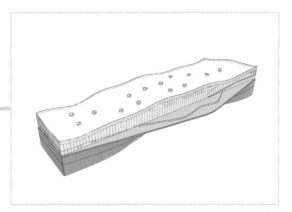

图 38

图 39

至此，整个图书馆就形成了一层为城市客厅，二层为其他功能，三层为阅览功能的垂直分区（图40）。

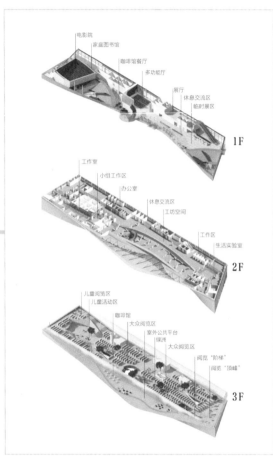

图40

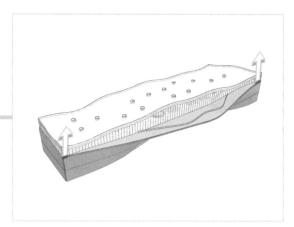

图41

图42

图43

你可能会觉得阅览空间作为图书馆里的高频次使用功能被束之高阁有点儿奇怪，但从另一方面来看，这种"两头重要，中间次要"的功能布局才能最大限度地激活整座建筑的活力。

最后完善建筑表皮，将木质立面的两端微微上提，遮住顶层由于两侧高差所形成的高地，整个设计就此完成（图41～图44）。

图 44

所以，以一敌五百四十三的秘密已经很明显了。就像芬兰小姐说要喝奶茶，于是几百杯包含珍珠、芋圆、糯米、红豆等各种料的奶茶被放在她的面前，然后芬兰小姐选了唯一加奶盖的那杯。

只有 ALA 猜对了，她其实只想吃奶盖。

157

图片来源：

图 1、图 3、图 6、图 19、图 27、图 29、图 31、图 33、图 35、图 42 ~图 44 来源于 https://www.archdaily.cn/cn/908688/oodihe-er-xin-ji-zhong-xin-tu-shu-guan-ala-jian-zhu-shi-wu-suo，其余分析图为作者自绘。

END

史上最牛鱼市场，在线叫板悉尼歌剧院

图1

名　　称：悉尼鱼市场（图1）
设计师：3XN 建筑事务所
位　　置：澳大利亚·悉尼
分　　类：市场
标　　签：网格，行为
面　　积：约 80 000m²

这个包袱不用翻，直接抖就能惊掉下巴，"真·活久见"系列。

悉尼码头上原本有个鱼市场，年久失修。列位，年久失修对鱼市场来说叫个事儿吗？你们家门口哪个市场不年久失修？再者说，你们那市场有没有个屋顶都不知道呢，上哪儿失修去？

只能说，找借口真的是人类最强的天赋。不管怎么说，人家就是挣着卖咸鱼的钱，操着盖歌剧院的心，就是要建个叫板悉尼歌剧院的鱼市场，就是要成为悉尼市的新标志！因为悉尼人不天天听歌剧，可悉尼人天天吃鱼。外地人来悉尼也不一定要听歌剧，可都要逛鱼市场。

那么问题来了：建一个能够叫板悉尼歌剧院的鱼市场共需要几步？在悉尼布莱克瓦特尔湾鱼市场叫板悉尼歌剧院筹建工作委员会（以下简称鱼委会）看来，至少需要四步。

第一步，填一片海做基地。

第二步，举办一场国际竞赛。

第三步，在废纸篓里选一个方案。

第四步，开工。

说干就干。鱼委会首先通过在布莱克瓦特尔湾里打桩填海获得新市场的建设基地（图 2）。

图 2

然后就是广发英雄帖，举办一场国际竞赛。

虽然鱼委会毫无求生欲，指名道姓要叫板悉尼歌剧院，但见惯奇葩的建筑师们却没这么容易冲动——这场国际竞赛最终只收到 60 份作品。不过无所谓，反正废纸篓里也装不下那么多方案。

咳咳，我是说分母无所谓，主要是分子的质量得高。鱼委会的眼光还是可以的，他们挑中了最近正红的丹麦天团 3XN 建筑事务所的方案。

3XN 对美术馆、博物馆这种地标性公共建筑确实是设计经验丰富。鉴于甲方的宏伟目标，所以上来就先把鱼市场当美术馆来做。

先将鱼市场里的各种零散摊位进行整合分组，大致可分为装卸、加工、零售、餐饮四大功能块。为了避免摊主流线和游客流线互相干扰，采用垂直分区的方法，将装卸、加工等摊主使用的区域置于首层，而游客主要在二层的零售区和餐饮区活动（图3）。

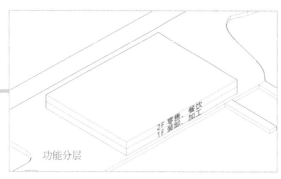

功能分层

图3

为了方便首层各个位置的货物向上运输，交通核布置在建筑中部，同时起到结构核心筒的作用（图4）。

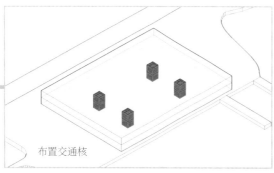

布置交通核

图4

剩下的问题就是怎么给鱼市场设计一个好看、时尚、炫酷、可以叫板悉尼歌剧院的建筑造型。但这个问题在3XN这里根本不叫事儿，因为他们只有一个答案："X"（图5）。

图5

这一次，"X"还是必需的，设计套路也还是熟悉的味道。X形把矩形平面的边缘切出四个小区域，这里可以设置与城市共享的休闲空间，提高建筑的公共性（图6）。

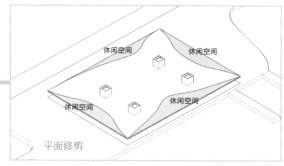

休闲空间　休闲空间

休闲空间　休闲空间

平面修剪

图6

将东西两端的区域设置为可供市民活动的大台阶，同时也是通向建筑二层的游客主入口（图7）。

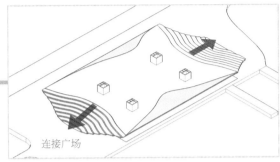

连接广场

图7

而南北两边的区域设计成连接城市道路和海岸的通道（图8）。

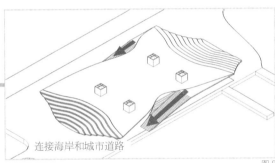

连接海岸和城市道路

图8

然后再加上一个波浪形的大屋顶，就大功告成了（图9）。

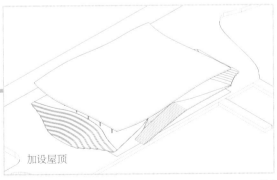

加设屋顶

图9

效果图就像前面图1那样。这个玩意儿到底能不能打过悉尼歌剧院，咱也不知道，咱也不敢问。但可以肯定的是，如果真这么收工了，那鱼市场和3XN就都可以关张大吉了。什么叫鱼市场？就是卖鱼的自由市场，精髓是乱糟糟、脏兮兮，灵魂是走过路过不要错过。自由来去、自由生长、自由秩序。各种吆喝叫卖，各种讨价还价。混乱、喧嚣、鲜活，俗不可耐但充满希望和生机（图10）。

图10

现在被整整齐齐、分门别类地放在精致房子里的不是鱼市场，而是商场（图11、图12）。

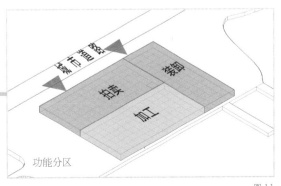

功能分区

图11

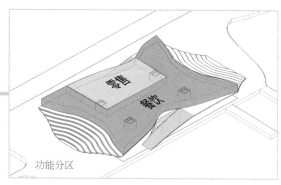

功能分区

图 12

那么问题来了：怎样才能在外观炫酷的精致商场里搞出一个有鱼市场自由灵魂的空间？商场要分区，市场要自由，但我们要的是自由分区。也就是说既能适应鱼市场的摊位化经营模式，自由组合扩张；又有百货商场的井然秩序，功能复合。世界上存在这种模式的东西吗？当然存在，比如围棋。反映到建筑空间中，就是网格加模块（图13～图15）。

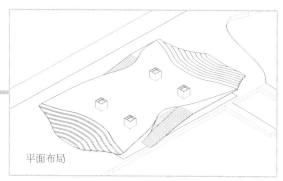

平面布局

图 13

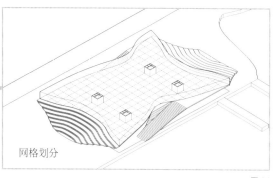

网格划分

图 14

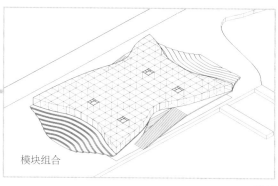

模块组合

图 15

可能很多人都会想到把摊位模块化的方法，但百货商场和自由市场的空间本质区别并不在经营空间（百货商场里也是一个个的独立铺面），而是在公共空间。商场的公开空间是集中的大空间，而市场的公共空间是融合在摊位里的。

<u>画重点：在这个设计里，我们首先要模块化的就是公共活动空间，包括休闲空间（图16）和餐饮空间（图17），然后才是摊位空间的模块化。</u>

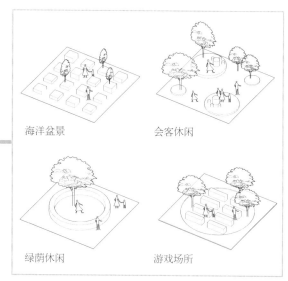

海洋盆景　　会客休闲

绿荫休闲　　游戏场所

图 16

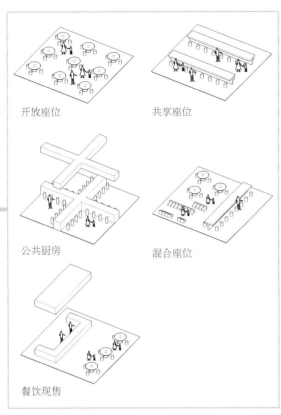

开放座位   共享座位

公共厨房   混合座位

餐饮现售

图 17

除了疏散楼梯，其他局部竖向交通也都被整合
在模块里（图 18）。

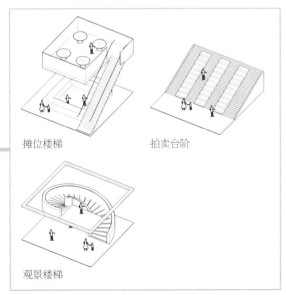

摊位楼梯   拍卖台阶

观景楼梯

图 18

为了满足不同规模的需求，摊位模块要可以进
行再细分（图 19）。

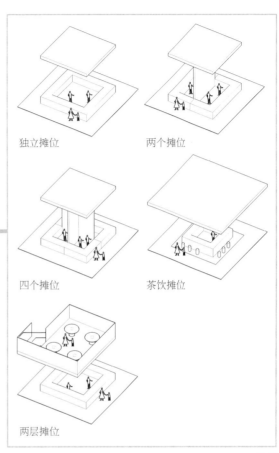

独立摊位   两个摊位

四个摊位   茶饮摊位

两层摊位

图 19

设计好模块后，是不是就可以交给甲方自由组合
了呢？错！永远不要指望甲方做任何事！永远！

模块化最多只能简化甲方对设计的理解过程，
绝对不可能简化你自己的设计过程。设计好模
块之后，建筑师还要继续进行排列组合。

一个基本的理想单元可以使顾客在这里完成购
物、用餐、休息、观景等所有活动（图 20）。

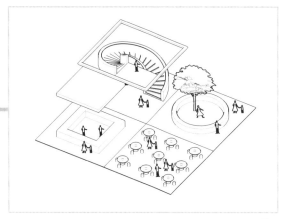

图 20

基本单元里的每一种功能都可以替换成其他模块，所以单元可以有多种形式。当然，这些也全部需要你来完成（图 21 ~ 图 24）。

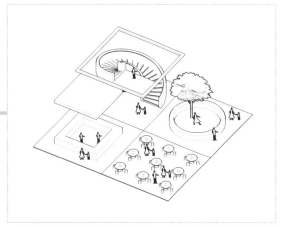

图 21

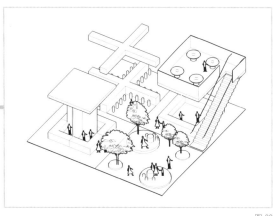

图 22

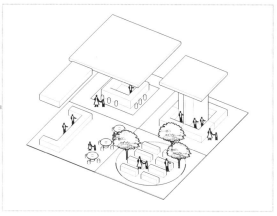

图 23

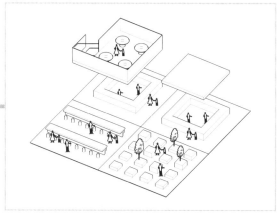

图 24

基本单元又可以自由组合成各种组团模式。当然，还是你的事儿（图 25 ~ 图 28）。

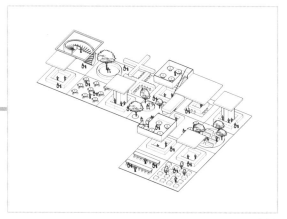

图 25

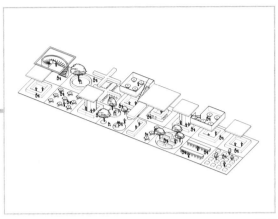

图 26

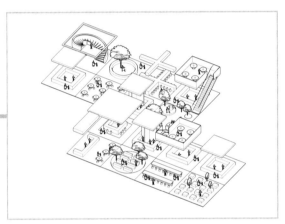

图 27

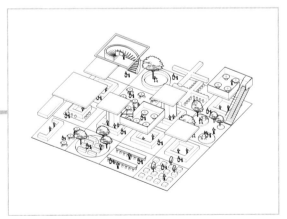

图 28

小组团的形式就如同俄罗斯方块，通过内部道路的划分，在一层和二层形成几个大分区（图29～图32）。

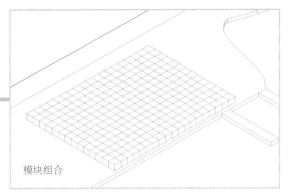

模块组合

图 29

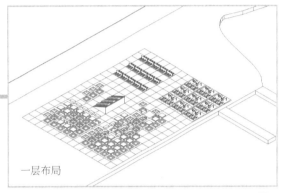

一层布局

图 30

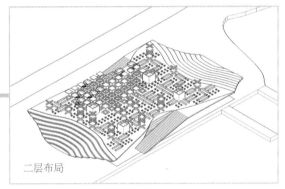

二层布局

图 31

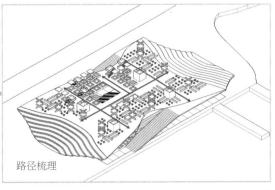

路径梳理

图 32

给大分区加设顶部空间，对下部功能进行空间限定，同时创造出可以欣赏海景的观景平台（图33）。

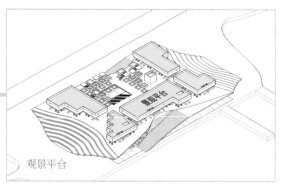

观景平台

图 33

在远离海岸一侧的摊位上部加设局部三层，设置餐饮教学、管理办公等集中空间（图34）。

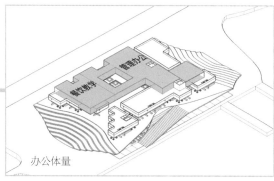

办公体量

图 34

空间的不同高度也对建筑造型产生影响，成为波浪形屋顶的起伏逻辑。同时对屋顶也进行网格划分，以对应下面鱼市场的功能细分，并在不同功能块的上部配置不同的屋顶，例如，在摊位和餐饮区上方设置格栅以遮阳，游客休闲区上方直接露天采光（图35）。

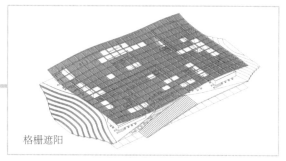

格栅遮阳

图 35

碎片化了的大波浪不太美丽了，不如再设计个"X"肌理（图36～图38）。

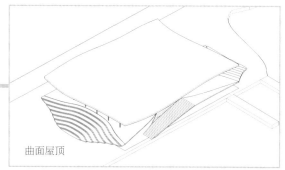

曲面屋顶

图 36

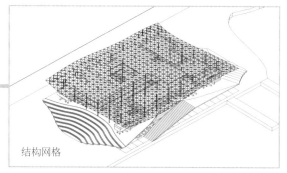

结构网格

图 37

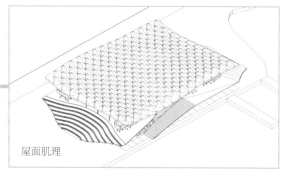

屋面肌理

图 38

而且还能安装太阳能电池板和雨水收集模块，你说我的"X"厉害不厉害（图39）？

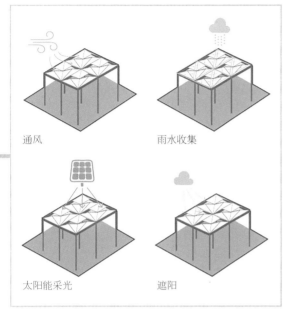

通风　　　　雨水收集

太阳能采光　　遮阳

图 39

至此，这才是由 3XN 设计的悉尼鱼市场中标方案，现已开工建设，计划 2020 年完工（当然现在计划有变），正式叫板悉尼歌剧院（图 40～图 43）！

图 40

图 41

图 42

图 43

这哪儿是鱼市场啊，明明就是尼古拉斯·钮祜禄·鱼市场嘛，全身都是满满的贵气与心机。所以同学们，不要再吐槽甲方没追求了好吗？这是我等在宫斗剧中活不过两集的凡人根本理解不了的王者的剧本。

图片来源：

图 1、图 40～图 43 来源于 https://3xn.com/project/sydney-fish-market，其余分析图为作者自绘。

END

一瓶子不满，半瓶子更要使劲晃

图1

名　称：芬兰塞拉基乌斯博物馆（图1）
设计师：Eero Lunden 事务所，PinkCloud.DK 事务所
位　置：芬兰·赫尔辛基
分　类：文化建筑
标　签：曲面楼板，泰森多边形
面　积：4700m²

小时候念课文：门前有两棵树，一棵是枣树，另一棵也是枣树。老师说这体现了作者的孤寂。我也想体现孤寂，也这么写：门前有两棵树，一棵不是枣树，另一棵也不是枣树。老师说这是病句，不及格！做人真的好难。

你使用新技术，有人泼冷水：一瓶子不满，半瓶子乱晃。你不学新东西，有人撒鸡汤：没伞的孩子，只能拼命奔跑。那么，作为一个没有伞的半瓶子醋，我怎样才能做到在奔跑的时候不乱晃？站着说话的人不腰疼，只有通宵赶图的人才知道腰根本不属于自己。就因为我们是半瓶子，才更要使劲晃、努力晃、玩儿命地晃——否则怎么能让那些有很多伞的甲方看见我们没有伞呢？

今天我要讲的就是一个半瓶子组合：Eero Lunden 事务所和 PinkCloud.DK 事务所。这两都是建筑圈的小透明，水平加起来都不够一瓶子。不过也无所谓，因为根本没人关心他们到底有多少水。但小哥俩心态好，虽然水平不高，可咱们敢晃，晃得高也是高啊。于是半瓶子组合正式出道，俩人手牵手高高兴兴地去参加国际竞赛了，这个国际竞赛就是芬兰塞拉基乌斯博物馆扩建竞赛。

甲方想建一座新博物馆，功能涵盖展览区、多功能区、办公区、图书阅览区、休闲交流区等，面积是旧博物馆的 5 倍，但高度不可以超过旧博物馆。基地呢，在旧博物馆所在的乔米耶米公园里随便选（图 2）。

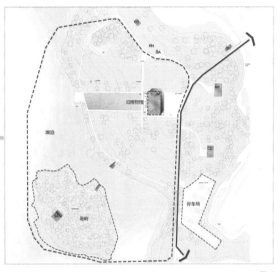
图 2

设计之国的竞赛质量都很高，随随便便就吸引了来自 42 个国家的 579 份参赛作品，依然是神仙打架的局面。小 E 和小 P 当然算不上神仙，但他俩想搞出个神仙方案来凑凑热闹。不是开玩笑。神仙方案不一定是神仙大咖做的，也有可能是小透明用神仙招式做的。小 E 和小 P 就打算现学现卖，尽量把自己这半瓶子醋晃出最大的水花。

神仙招式 1：曲面楼板

曲面楼板在江湖成名已久。早在 1990 年，著名跨界大仙库哈斯在设计棕榈湾海滨酒店及会议中心（Palm Bay Seafront Hotel and Convention Center）的时候，就开始通过弯曲楼板和天花板来玩转空间了（图 3）。

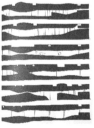
图 3

169

而到了 1992 年的朱苏大学图书馆，库哈斯已经开始利用楼板弯曲把各层流线柔和地连到一起，使人们在垂直方向上可以自由走动（图 4）。

图 4

更著名的案例是女神仙妹岛设计的劳力士学习中心，借助楼板的轻微起伏弯曲，自然分割连续变化的有机空间（图 5、图 6）。

图 5

图 6

但我们不是库哈斯，也不是妹岛，更不可以照抄人家的方案，所以小 E 和小 P 决定把这三个楼板的特点糅合到一起（图 7）。

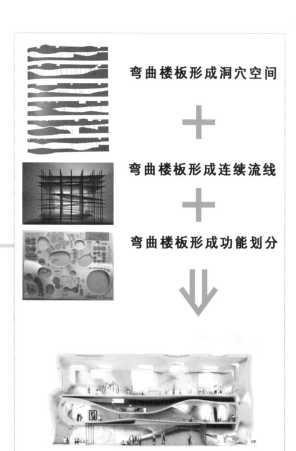

弯曲楼板形成洞穴空间
＋
弯曲楼板形成连续流线
＋
弯曲楼板形成功能划分
⇓

图 7

具体操作起来，就是如下步骤。

①先根据建筑体量，大致确定层数（图8～图11）。

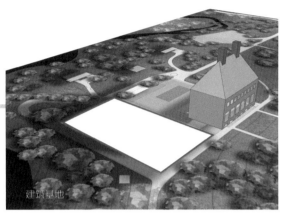

建筑基地

图 8

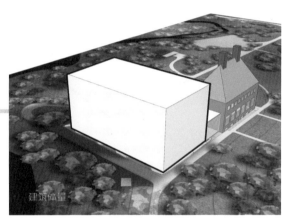

建筑体量

图 9

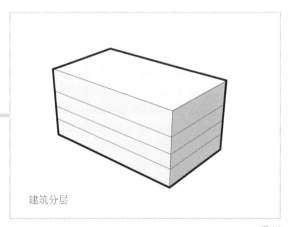

建筑分层

图 10

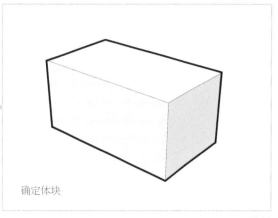

确定体块

图 11

②由于卫生间等辅助功能跟展厅功能层高需求不一致，所以将它们分开考虑（图11）。

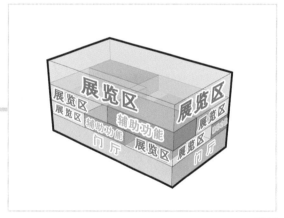

图 12

接下来就是用弯曲楼板来实现功能分区。

③我们先把辅助功能的盒子统统堆在边角处，把中间空出来，用于展览。然后在保证不影响辅助空间使用的前提下，将楼板弯曲（图13～图18）。

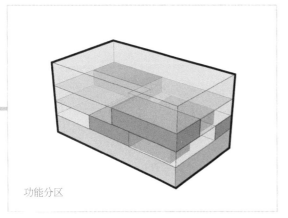

功能分区

图 13

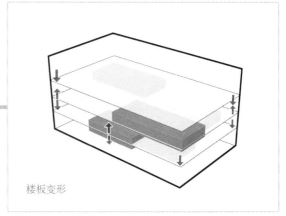

楼板变形

图 16

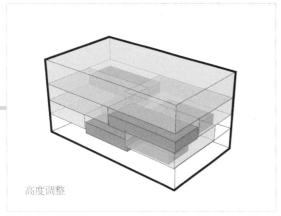

高度调整

图 14

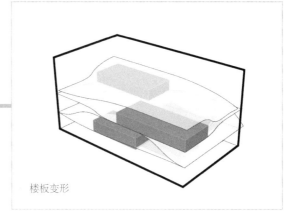

楼板变形

图 17

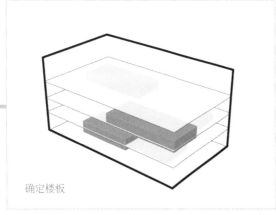

确定楼板

图 15

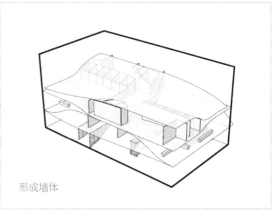

形成墙体

图 18

这样不仅利用楼板分隔了功能，而且使展区空间和辅助空间都拥有了更便于使用的层高（图19）。

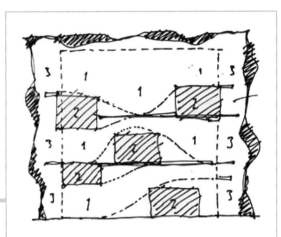

1= PRIMARY SPACES
1： 主要空间

2= SECONDARY SUPPORTIVE SPACES
2： 次要服务空间

3= CIRCULATION
3： 交通流线

图 19

④根据观展流线进一步调整楼板起伏程度，在高差变化剧烈的地方设置大台阶，保证正常通行（图20）。

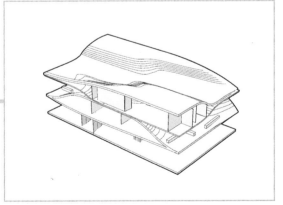

图 20

⑤根据疏散要求，在楼板周围添加交通核，完成整个建筑内的流线设计（图21）。

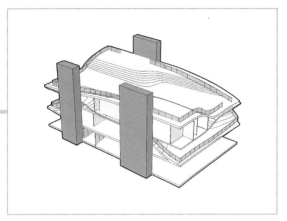

图 21

至此，我们就完成了一个很仙、很时尚的曲面楼板空间设计（图22~图26）。

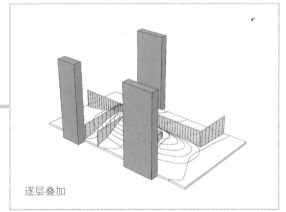

逐层叠加

图 22

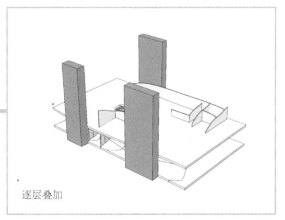

逐层叠加

图 23

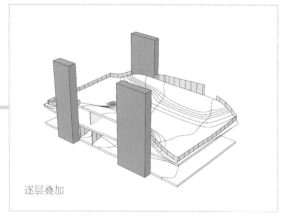

逐层叠加

图 24

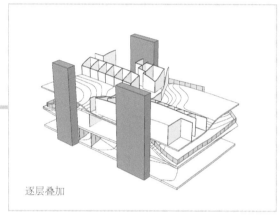

逐层叠加

图 25

图 26

神仙招式 2：有机表皮

通常来说，有了这么个非常规的内部空间，外面一般套个玻璃盒子就能收工了，甚至库哈斯也经常这么干（图 27）。

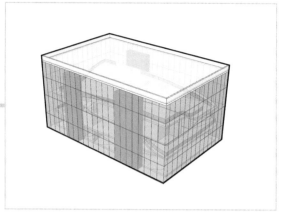

图 27

但半瓶子组合不敢掉以轻心，既然选择了晃，就要把握一切可以晃的机会。所以，小 E 和小 P 继续学习神仙们的表皮立面。

日本学霸藤本壮介的高冷纯立面曾经一战成名。在 House N 中，他将立面与屋顶统一处理，随机开设方形窗洞，最后形成通透而富有层次的空间效果（图 28）。

图 28

但随机开窗的玩法祖师爷柯布西耶在朗香教堂里就已经玩过了。不同的是，柯布西耶将墙体做厚，开设带有透视的窗，从而实现对自然光影的可视控制（图29）。

图29

还有如今正流行的参数化表皮，比如，用泰森多边形算法来形成的水立方（图30～图34）。

图30

用 grasshopper 载入泰森多边形运算器

图31

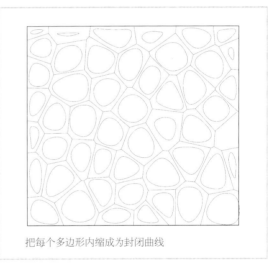

把每个多边形内缩成为封闭曲线

图32

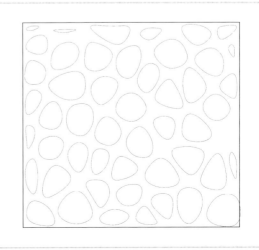

图33

根据该肌理，生成面域

图 34

小孩子才做选择，成年人全部都要。小 E 和小 P 再次把以上手法的核心操作提取出来，融合到一起，得到了自己的神仙表皮（图 35）。

立面与屋顶统一化开方洞
+
开设透视窗控制自然光
+
泰森多边形算法肌理

图 35

具体操作步骤如下。

①根据泰森多边形的形式构图生成骨架结构，并切记后续操作不要切断它（图 36）。

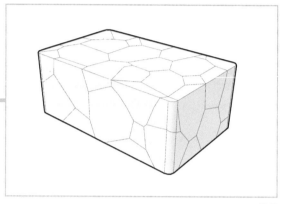

图 36

②在每个多边形区域里建立曲线，以确定开洞区域（图 37）。

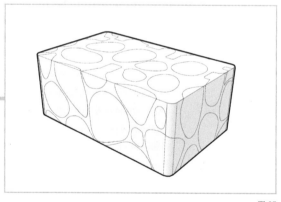

图 37

③把所划分的区域内凹，将二维立面转化成三维处理（图 38）。

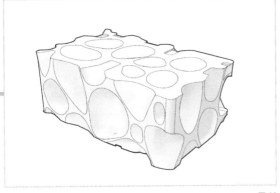

图 38

④在内凹区域随机开窗。但为了与基本走势横平竖直的室内空间对应起来，形式上依然统一选择方窗（图 39），并尽量让窗户中线与各层楼板平齐，以保证路人可以看到里面的曲面楼板空间结构。

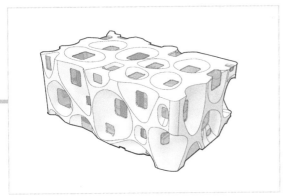

图 39

不得不说，真是好有心机（图 40、图 41）。

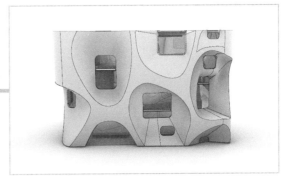

图 40

图 41

估计有人要问了：搞这么多操作和步骤，除了"神仙立面"这个开不了口的理由外，还有别的原因吗？不要问，问就是为了调节阳光进入量（图 42）。

图 42

具体说来是两点：

第一，东南西北每个朝向的自然光量本来就不同，需要调整控制，以达成平衡。

第二，由于楼板弯折，导致各个区域的进光量变得不同。比如，顶层地面高的区域离天窗更近，自然就被照得更亮。所以，为了平衡自然光照，就需要控制开窗大小和内凹程度：楼板地面高的地方开窗小；楼板地面低的地方开窗大（图43）。

图 43

神仙招式 3：立体连接

现在室内外都弄完了，是不是直接把楼板放到立面上，就可以收工了呢？当然可以，但还是可以有一些神仙操作。

比如，WORKac 建筑事务所设计的黎巴嫩新的贝鲁特艺术博物馆，让室内空间缩一圈，从而将二维表皮做成了三维空间（图44）。

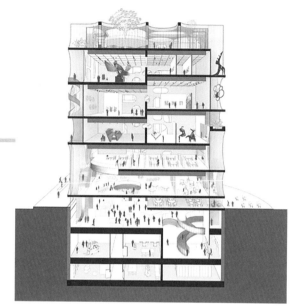

图 44

再比如，OMA 设计的香港珠海学院新校园，将表皮与楼板脱离，形成缝隙层，并插入许多楼梯平台，以丰富用户的空间体验（图 45）。

图 45

人家学霸都这么努力，你一个小"学弱"，好意思立刻收工吗？所以我们还要在连接区域继续蹦跶。

具体做法:

①首先将立面层与楼板边界层分开,形成一圈缝隙空间(图46)。

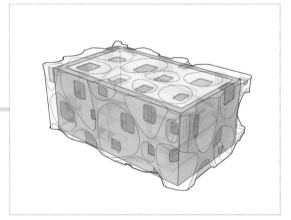

图46

②将建筑物的楼板作为预应力混凝土板腔体,并且把楼板与外立面以骨状斜撑与外表皮相接,使得楼板与表皮结合形成一个连贯的结构系统,解决结构问题(图47)。

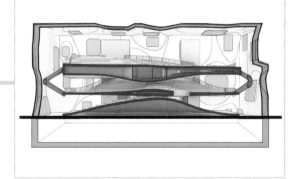

图47

足够多的斜向连接,使得缝隙空间变得复杂(图48)。

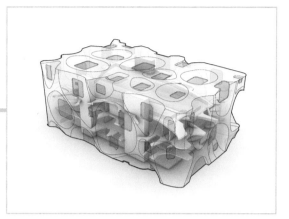

图48

③再往缝隙空间塞入一些步道,供人交流、行走(图49)。

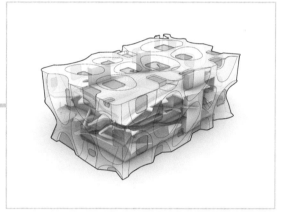

图49

如果甲方问起你为什么这么操作,记得告诉他这不是缝隙空间,而是"拔风空间",可以改善自然通风,降低能耗(图50)。

图50

至此，小 E 和小 P 的半瓶子乱晃神仙方案就全部完成了，看起来是不是还挺不错的（图51 ~图54）？

图 51

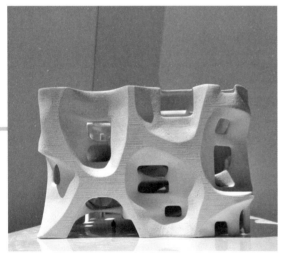

图 52

图 53

图 54

小 E 和小 P 的设计方法基本可以总结为：半瓶子乱晃大满贯设计法。这个方法没有什么太高的技术含量，关键是要战胜自己的心理障碍。可怕的不是只有半瓶子醋，可怕的是不敢晃——不晃就永远不知道自己离满瓶子还有多远的距离。

如果你会的某个手法只能控制整体方案的一半，那就换个手法去控制另一半。一个逻辑控制全局是高级玩法，但不是唯一的玩法。傲罗[①]们各有各的绝杀术，可以一招制胜，但你一个普通巫师如果敢把所有咒语都使用一遍，估计也能全身而退。

---

①出自畅销图书《哈利·波特》系列，是一群抗击黑魔法的精英男女巫师。

重点是，你敢。

要知道，比伏地魔更可怕的是——心魔。

图片来源：

图 1、图 26、图 43、图 51 ～图 54 来源于 https://
www.archdaily.com/149067/serlachius-museum-
gostacompetition-entry-eero-lunden-studio-
helsinkifinland-eric-tan-of-pinkcloud-dk?ad_
source=search&ad_medium=search_result_all，图 2 改
自 https://www.archdaily.com/580604/gosta-serlachius-
museum-mx_si/5498c3d2e58ece843600005c-site-plan，
图 6 来源于 https://www.eduardoperez.de/architecture/
design/epfl/，图 19、图 50 改自 https://www.archdaily.
com/149067/serlachius-museum-gosta-competition-
entry-eerolunden-studio-helsinki-finland-eric-tan-
of-pinkclouddk?ad_source=search&ad_medium=search_
result_all，图 41 来源于 http://www.foldcity.com/
thread-1317-1-33.html，图 42 来源于 http://www.
pinkcloud.dk/portfolio/gostaserlachius-museum/，其余分析
图为作者自绘。

END

解冻高冷甲方需要几步

图1

名　称：荷兰政府部门大楼 RIJNSTRAAT 8（图1）

设计师：大都会（OMA）建筑事务所

位　置：荷兰·海牙

分　类：办公楼

标　签：空间骨架，改造

面　积：90 913m²

有的甲方像暖气，但再如沐春风也掩盖不了脑子里进的水："你的方案很有创意，我觉得故宫也不错，你这么有才华结合一下呗。"

有的甲方像冰箱，看到再活蹦乱跳的设计也冷静得像隔夜饭——对不起，高冷如冰箱的甲方一般不说话，用眼神就能冻得你脑子、舌头一起打结。

荷兰政府就属于高冷的冰箱甲方。

应该说，政府甲方一般都属于天生制冷的物种，与冰箱的区别大概只是功率不同。只是大多数时候，冰山都在海平面以下，能推到建筑师面前的都是图书馆、剧院、博物馆这种民生工程，多少也还算惠风和畅。而真正的老板们不是蜗居在历史保护建筑里，就是隐居在统一模板的深宅大院里，反正都是一副生人勿近的高冷模样。不然的话，你去外交部门口打个羽毛球试试？

但荷兰外交部最近的心情不太美丽，因为他们要搬家了。

由于荷兰政府机构规模的不断扩大，外交部原来住的中世纪保护建筑已经不堪重负，这属于改善型刚需，本来是好事，可坏就坏在没分到新房，只给一个二手房还得与人合住，找谁说理去（图2）？

图2

这栋楼原本住的是荷兰房屋、空间规划和环境部（VROM），其职能基本等同于我们国家的住建部。结果人家搬到新家去了，这个二手房就留给了外交部（BZ），以及基础资源与水管理部（IenW）、移民归化局（IND）总部和服务台、寻求庇护者中央接待处（COA）、回国和离境服务中心（DT＆V）。

嗯，不是与一个人合住，而是与四个人。说好的改善呢，怎么就变成集体宿舍了（图3）？

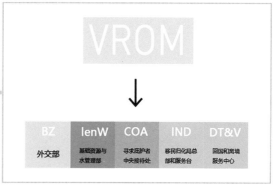

图3

不过还算大老板有良心，给了一笔钱翻新改造。那么问题来了：一台单开门的旧冰箱可以改造成五开门的新冰箱吗？可以是可以，但冰冻三尺，非微波炉无以解冻。

于是有个建筑师想：那不如就改成个微波炉吧。我们先来看一下改造前的冰箱情况。

基地

原建筑基地位于市中心的风水宝地，但令人头大的是建筑跨越了一条城市步行道路和一条地铁线，且这条城市道路连接的是火车站，人流量非常大。

也不知道是哪位大爷的脑洞，把外交部搬到火车站对面，也是醉了（图4）。

图4

建筑

于1992年完工的原建筑就是五栋大板楼（图5），中间用通廊连接。

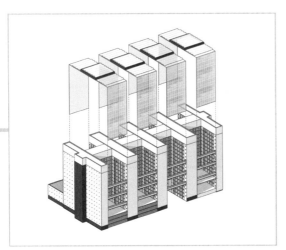

图5

通廊利用建筑之间的巨大混凝土大梁进行支撑，这些大梁将地板悬挂至第四层，从而在下边提供了城市交通轨道和公共通道。每个板楼的端部也有几个水平连廊，板楼之间的边庭空间用玻璃幕墙和透明顶棚封闭后投入使用。

内部空间的单廊式办公布局小且封闭，交通核位于每个板楼与通廊的交叉点。走道内部也是完全封闭的，因此，尽管建筑物东侧有宽敞的中庭，但只有在办公室内部才可以看到（图6、图7）。

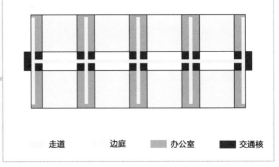

走道　　边庭　　■ 办公室　　■ 交通核

图6

改造前走廊

图7

建筑的主入口紧贴穿过的城市步行道路，在 2
号楼和 3 号楼中间有一个小门厅。除此之外，
几乎没有其他公共空间，完全符合高冷人设
（图 8）。

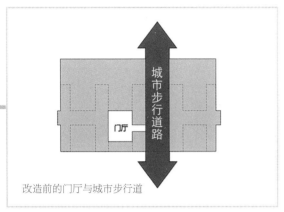

改造前的门厅与城市步行道

图 8

那么问题又来了：把冰箱改造成微波炉的关键
是什么？

敲黑板：
关键就是核心空间到底是制冷还是发热，而这
个核心空间就是——公共空间。换句话说，就
是公共空间能否更好地为城市服务，为市民带
来温暖。

再次敲黑板：
注意，是让公共空间可以制暖发热，而不是简
单地增加公共空间。还是那句话，就算你在
外交部门口建个大广场，有几个人敢去打羽毛
球？我们需要增加的是给更多人使用的公共空
间，而不是给绿巨人使用的公共空间（图 9）。

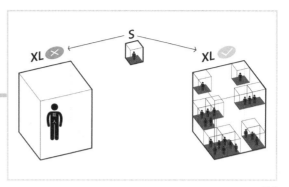

图 9

第一步：功能重组

对新的功能进行统计，把相同类型的功能放在
一起（图 10）。

（到这儿估计你已经猜出这是谁的方案了，没
错，就是你猜的那位。）

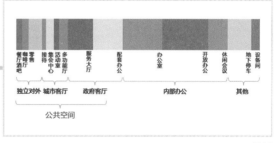

图 10

第二步：确定新增公共空间的位置

1.独立对外

这部分不用多想，放在底部四层，方便独立开
放和管理（图 11）。

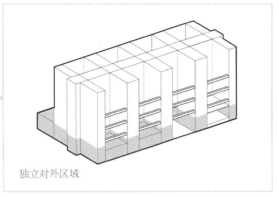

独立对外区域

图 11

但是，入口大厅需要大广场，所以减去中间那栋楼的底部，只保留交通核和结构部分，用斜梁加固（图12～图15）。

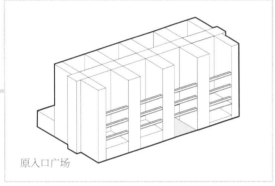

原入口广场

图 12

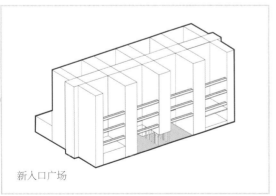

新入口广场

图 13

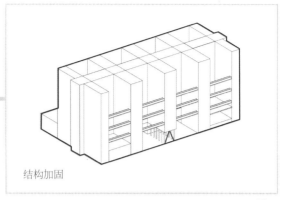

结构加固

图 14

图 15

2.城市客厅

引入大平台，把这五个分散的大板楼从底部连接在一起。由于底部交通条件的限制（地铁隧道穿过），需要把平台架起到四层高度（图16）。

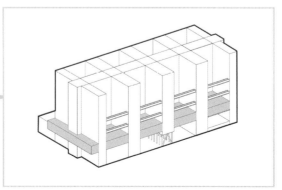

图 16

按照城市客厅—政府客厅—办公区的三段式分法，形成初步的功能分区（图17）。

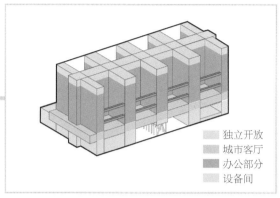

独立开放
城市客厅
办公部分
设备间

图17

3. 办事大厅（政府客厅）

五个舍友里，有三个（移民归化局总部和服务台、寻求庇护者中央接待处、回国和离境服务中心）都需要对外开放，所以必须要有一个独立、开敞、服务集中的办事大厅。

那么，这个办事大厅可以加在哪里呢？其实选择也不是太多。

选择 A：连接中间的两栋

中间两栋之间的区域使用效率最高，也可以最均衡地服务于其他部分。但与城市接触面较少，采光较差，并且与门厅联系较弱（图18）。

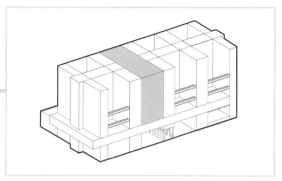

图18

选择 B：连接最南端的两栋

最南端两栋之间的区域虽然与北侧距离较远，但毕竟北侧的两个部门并不需要对外服务，且有开阔的城市接触面，采光很好（图19）。

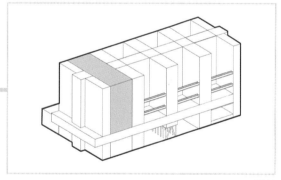

图19

最终，建筑师决定选择 B 方案，再进一步放大景观面（图20）。

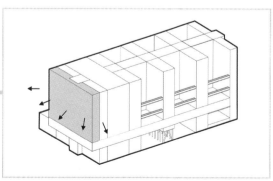

图20

剩下的位置配备各办公部门。为了避免不同部门之间的干扰，把连接各栋楼的大通廊作为各个部门都能使用的共享交流空间（图 21 ）。

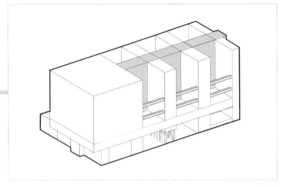

图 21

修整形体，底部独立开放部分与政府客厅立面平齐。至此，基本空间骨架完成，得到最终的功能分区（图 22 ）。

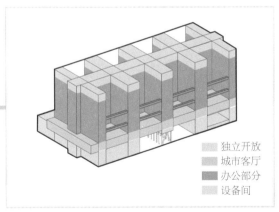

独立开放
城市客厅
办公部分
设备间

图 22

原来的冰箱骨架也已经基本改成了微波炉骨架（图 23 ～图 25 ）。

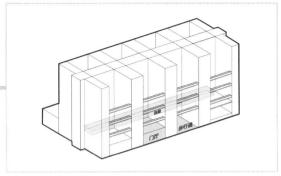

图 23

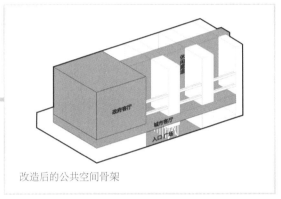

改造后的公共空间骨架

图 24

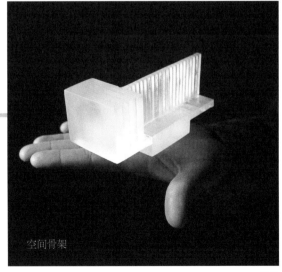

空间骨架

图 25

前面说了，我们并不是要给绿巨人设计空间，而是要设计给更多人使用的空间。所以，得到公共空间后还需要继续细化设计。

第三步：公共空间的内部设计

位于建筑底部的独立开放空间是与城市直接接触的部分，为了能让大家毫无负担地在外交部门口瞎溜达，你想的那个建筑师"胆大包天"地在这里引入了零售商业空间。

1. 独立对外区域

①简单分区：餐厅、咖啡厅、办公大厅、零售空间（图26）。

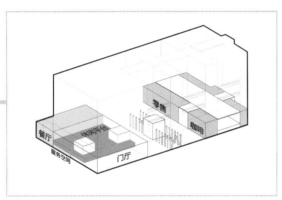

图26

②将与其他建筑共享的集会中心嵌入门厅上部（图27、图28）。

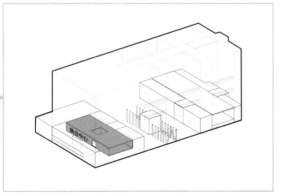

图27

图28

③加入交通联系（图29）。这样，独立对外部分才算是正式进入政府内部了。

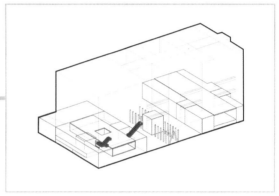

图29

2. 城市客厅

这部分说白了也没什么正经功能，说来说去就是接待啊、休息啊什么的，都是换汤不换药，而且都是严肃正经的处方药。

但我们吃了豹子胆的建筑师继续不怕死地打造政府大人的暖男属性。虽然换汤不换药，但可以换盛药的碗，最重要的是换成正常人日常使用的碗。

①功能细分成咖啡休闲区、接待区、多功能厅、服务用房等（图30）。

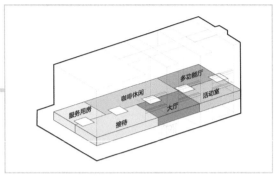

图30

②按人体尺度设计每一个分区。

为了应对人类行为的复杂性，把每个功能空间分别独立设计为易于识别的特色空间，中间做连通处理，不设实体分隔。你可以把这些特色空间想象成家具，随取随用。这样既没有限制用户的行为，也形成了整个大空间的隐形分区，丰富了整体空间层次。图31是多功能厅，图32、图33是咖啡厅。

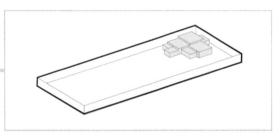

图31

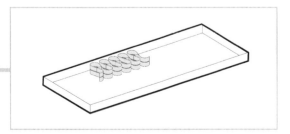

图32

图33

活动室形状规整，但用色彩打破规律，突出可识别性（图34、图35）。

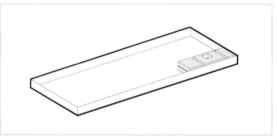

图34

图35

贵宾接待使用玻璃盒子，内部配有帘子，根据
使用自由开合（图36、图37）。

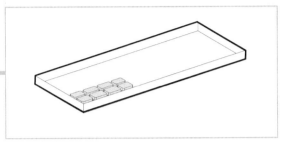

图36

图37

③归位并加入服务空间与交通联系（图38、图
39）。

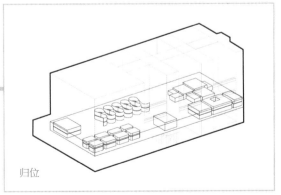

归位

图38

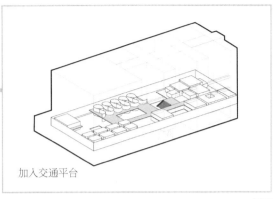

加入交通平台

图39

3. 政府客厅

政府客厅也就是我们常见的办事大厅，但不同
的是这里有三个不同的部门。

①开中庭
沿用原有的玻璃顶并向下延伸，增加采光（图
40）。

191

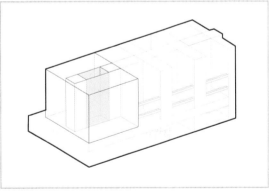

图40

② "1-1-2-1-1-2" 式格局

先把空间划分为两种：一种是办公区域，另一种是接待市民的办事大厅。接待大厅两层通高，把服务于办事大厅的对外办公部分挂在办事大厅的楼下（图41）。

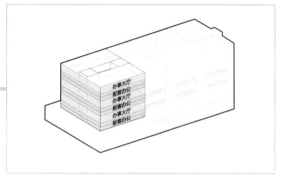

图 41

再加入联系两种空间的楼梯（图42、图43）。

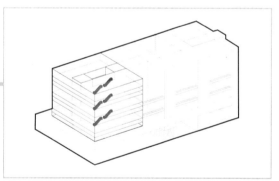

图 42

图 43

③大厅平面布置（图44）

最后就是政府内部使用的共享交流空间。

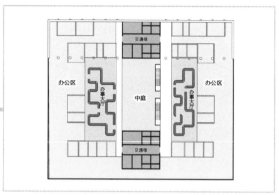

图 44

4.办公休闲区域

①改造交通布局，使流线向一侧偏转，并加宽走道，打破原有的单廊式格局（图45、图46）。

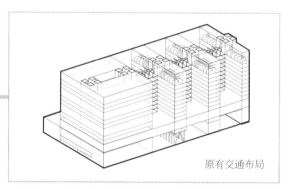

原有交通布局

图 45

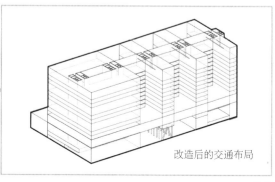

改造后的交通布局

图 46

②新的平面布置规则使布局变为封闭办公＋开敞办公／休闲区＋透气走道（图47、图48）。

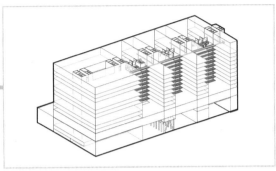
图47

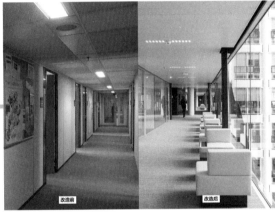
图48

③开敞走廊另一侧加楼梯外挂，增强纵向交通的直接联系（图49）。

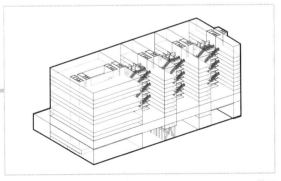
图49

至此，整个公共空间才算改造完成。虽然面积扩大了好几倍，但依然恪守在亲切的人类尺度上（图50）。

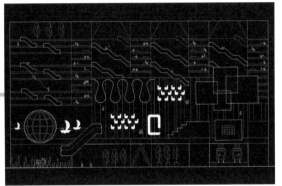
图50

第四步：办公空间改造

原有的单廊式布局只要拆除部分隔墙变为开放办公区，就忽然很现代了。

拆除的时候要注意沿对角线拆除，这样能在拆卸工作最少的情况下保证最大的通透感，也能全方位地欣赏城市景色（图51、图52）。

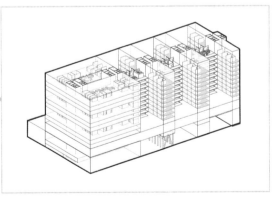
图51

图 52

第五步：一点细节

1.结构

接待大厅是拆除了 1 号楼（除交通核部分）重建的钢结构体系（图 53）。

图 53

补充的连廊部分也是在外侧添加了钢柱进行加固（图 54）。

图 54

城市客厅大平台采用了桁架结构进行加固（图 55）。

图 55

2.节能

改建过程中，建筑师最大限度地减少了对新材料的使用：在已拆除建筑物的 20％的材料中，有 99.7％被重复利用。通过使用三层玻璃以及太阳能电池板、LED 灯、冷热库等大大降低了能耗。并且，新的边庭加入了控温系统，内部环境也更加舒适（图 56）。

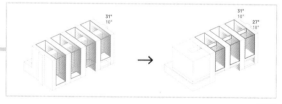

图 56

收工回家。

这就是大都会建筑事务所改造设计的荷兰政府部门大楼，一部由冰箱到微波炉的进化史。现在这栋大楼已经完工并投入使用，因为下面热闹得堪比购物中心，索性也就不叫什么外交部、水利部这么高冷的名字了，直接以门牌号 RIJNSTRAAT 8 称呼——接地气、又好记（图 57 ~图 61）。

改造前

改造后

图 57

图 58

图 59

图 60

图 61

这个项目虽然来自大都会建筑事务所,却不是库哈斯主导的。主建筑师是另一位女合伙人埃伦·范·隆（Ellen van Loon）。或许你也可以感觉到这个建筑的设计手法温和、细腻了很多。

有句话叫美人在骨不在皮,其实建筑也是如此。空间骨架改变了,即使形态体量变化不大也可以展现出跨物种的动人气质。否则,把一栋政府办公楼改造成另一栋政府办公楼,到底是在改个什么？

END

当甲方被啪啪打脸的时候

图1

名　称：德黑兰之眼（图1）
设计师：FMZD建筑事务所
位　置：伊朗·德黑兰
分　类：商业
标　签：室外，台阶，改造
面　积：约70 000m²

打脸不可怕，谁硬撑着谁尴尬。

首先，这句话就是说给甲方听的。把这句话补充完整应该是：甲方被啪啪打脸不可怕，谁硬撑着不找建筑师谁尴尬。

其次，我腿怎么有点儿软，你们扶我一下。

前方是大型甲方判断失误光速打脸现场，请各位建筑师控制一下自己，不要笑出声。

伊朗首都德黑兰有一条繁华的商业街：沙里亚蒂大街。街上有一块空地待价而沽，政府刚给这里通了地铁，而地铁站就在这块地上（图2）。

图2

核心商圈，地铁上盖。如果开发购物中心，还有比这更完美的选择吗？伊朗甲方的思路也差不多，手起刀落拿下地，二话不说就找人做了一栋11层的购物中心（图3）。

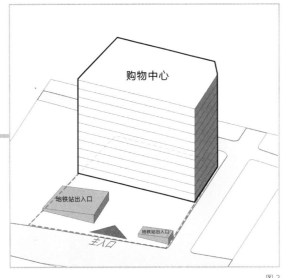

图3

踌躇满志的甲方还特意在朝向十字路口的一面也设置了入口——双保险吸引人流，哪有不发财的道理（图4）？

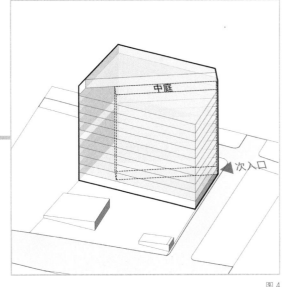

图4

197

而且这人要是运气来了，挡都挡不住。一向高贵冷艳、众星捧月的地铁站竟然主动提出让购物中心借用它的屋顶做花园，连接停车场和商场二层平台（图5）。

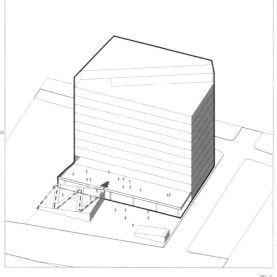

图5

天时地利人和，工程进展飞快。2016年初大楼成功封顶，甲方已经开始乐不颠儿地去准备店铺招租了，不出意外的话，来年就可以开业大吉、坐数钞票啦（图6）！

图6

然而现在已经2021年了，花儿都开了，商场也没开。

为什么？没人来呗，不是没人来逛商场，是压根儿没人来租商场！甲方大人可能是忘了沙里亚蒂大街虽然很繁华，却天生与大型商场不合。因为这条大街连接的就是德黑兰南部的大巴扎市场和德黑兰北部的商业区（图7）。

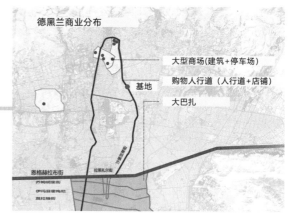

图7

换句话说，在德黑兰的购物地图里，南部大巴扎相当于北京大栅栏、天津大胡同，北部商业区就是北京西单和王府井，而连接这两者的沙里亚蒂大街则基本等同于北京南锣鼓巷或者上海田子坊，起的就是独立小店、创意小铺的范儿。所以，在这条街上盖大商场就是赶牛进鸡舍——路子不对，脑子进水了。结果好好一栋大楼就这么尴尬地闲置了：小店小铺租不起，大商业大品牌不想租。谁来背锅？

出来混，有错就要认，挨打要立正。我们的伊朗甲方虽然被打了脸，但没被打坏腿——立马跑着就去找救兵了。

救兵就是伊朗建筑界的新秀：法尔沙德·梅迪扎德。新秀很有信心地说，只要延续这条街上步行街和小型商铺的组织模式，商场就能起死回生。

等下，新秀先生，您这不是废话吗？我的楼已经盖好了还怎么延续步行街？小商铺要是能招来租我还找你干什么？您不会让我拆了再建一个吧？

不不不，拆倒是不用拆，但建还是要新建一个的（图8）。

图8

所以，新秀先生的策略就是——木乃伊设计法。既然你想要街道，就拿街道给你整个缠起来永葆青春，好不好？

那么问题来了：这栋楼几乎占满了基地，只有朝向地铁站的一面有空间，四周缠起来肯定没戏，只能先强行在一面外挂坡道（图9）。

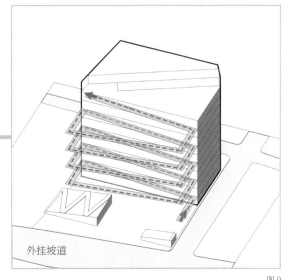

图9

小店铺可以结合坡道外挂在建筑表面（图10）。

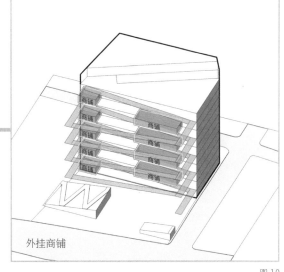

图10

但这样的话，原来的楼基本上就彻底废了，还不如拆了呢，地方还宽敞点儿。

不能拆旧的，就只能旧屋利用了。让出面向主入口的一半体量作为小型开放式店铺的营业区（图11、图12）。

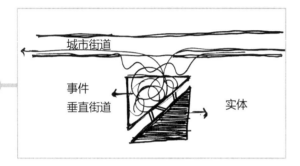

图11

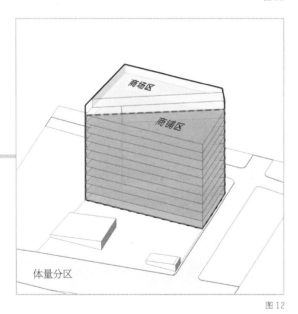

体量分区

图12

同时将外挂坡道减半，人流转折从发生在坡道平台变成发生在商场内部——相当于商场成了坡道平台（图13）。

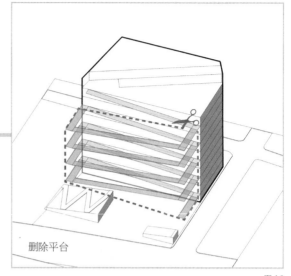

删除平台

图13

可即使减半，坡道也太多了，逛的地方还没爬的坡多（图14）。

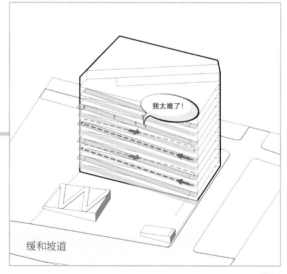

缓和坡道

图14

因此，用坡度较为缓和的台阶替代坡道（图15）。

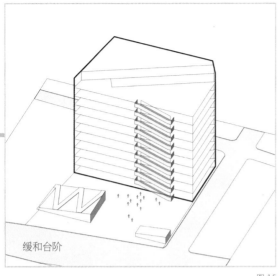

缓和台阶

图 15

那么问题又来了：说好的街道呢？这和一部外挂楼梯有什么区别（图 16）？

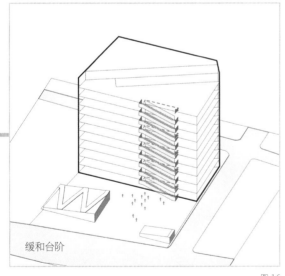

缓和台阶

图 16

再改！选择错层布置楼梯，尽可能地延长流线（图 17）。

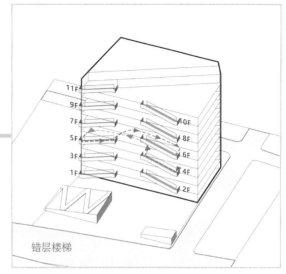

错层楼梯

图 17

等等，先停一下，有没有觉得现在这个状况有点儿眼熟？

"木乃伊"这个概念听起来很完美，但具体操作的时候却没有真正的绷带可用。坡道太长、楼梯太短，不长不短的不像街道。无论怎么推敲似乎也是在原地打转，方案再也进展不下去。无数激情四射的"画图狗"都是在这一步倒下，再也没爬起来。最后要么舍弃概念得到一个平庸的方案，要么舍弃功能得到一个浮夸的方案。

如果说，非要舍弃什么才能推进方案的话，我们最应该舍弃的其实是惯性思维。

<u>画重点：下面这步就是新秀先生思维转换的神来之笔——他把楼梯转了一下！</u>

谁规定外挂楼梯一定要贴着立面？旋转楼梯的角度，使得人群来到每层的时候都是面对小商铺区，并通过商铺区将人流引向内部商场区。并且，旋转后又使所有楼梯都有机会串联在一起形成街道感（图18~图21）。

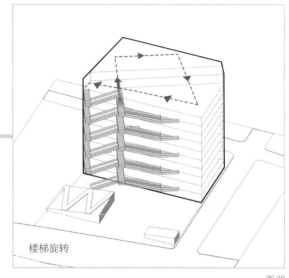

楼梯旋转

图20

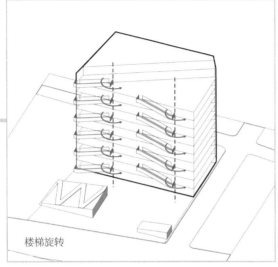

楼梯旋转

图18

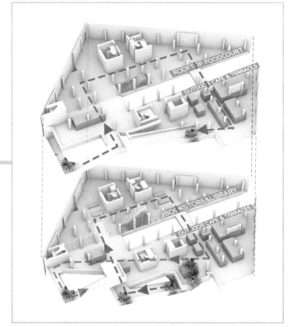

图21

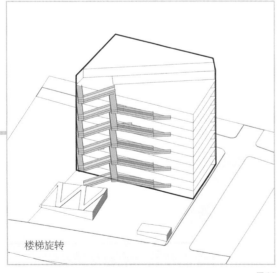

楼梯旋转

图19

有了这个神来之笔，就可以再神来好几笔。比如，首层再使劲多转转，与真正的地面街道连接（图22、图23）。

拉伸街道

图 22

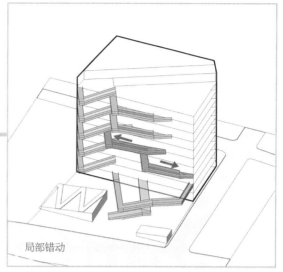

局部错动

图 24

拉伸街道

图 23

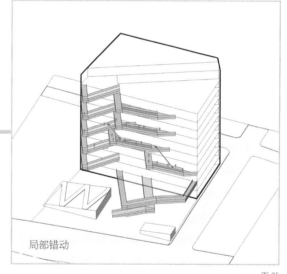

局部错动

图 25

再比如，局部再转转，丰富垂直街道间的视线
联系（图 24、图 25）。

同时，还可以在旋转楼梯后出现的缝隙处加设平台，不但增加了小商铺的数量，而且碎化了原本立面的完整性，离木乃伊越来越近了（图26）。

加设平台

图 26

将底层平台向街道进行延伸，并在过大的平台上打洞，保持线性街道感（图27、图28）。

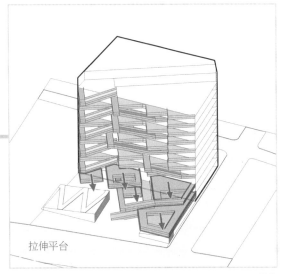

拉伸平台

图 27

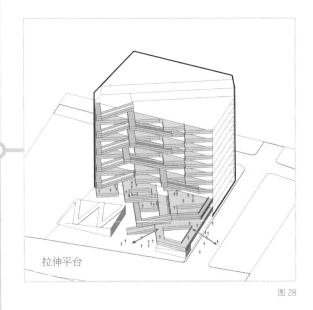

拉伸平台

图 28

对上部平台也进行局部错动，丰富平台间的视线联系（图29、 图30）。

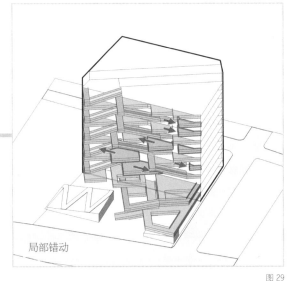

局部错动

图 29

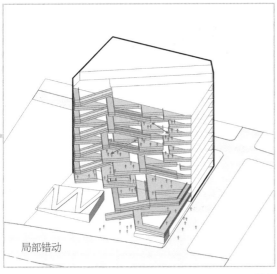

局部错动

图 30

至此，能改造的基本都完成了，是不是就可以收工了呢（图 31）？

图 31

很多人可能都选择了收工，但接下来的工作，才是更能显现建筑师实力的地方，也就是所谓的概念完成度——对建筑师来说，是要完成最初的空中街道的概念构想；对甲方来说，则是要完成最初的街区地标的光辉梦想。

还记得最初的木乃伊构想吗？包了一半算怎么回事？继续向上延伸建筑原有的柱网（图 32）。

延伸柱网

图 32

在柱网间架起可以俯瞰城市的路径，这里的路径没什么特殊要求，反正只要不离开柱网，想怎么绕就怎么设计（图 33）。

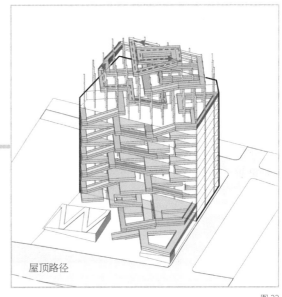

屋顶路径

图 33

垂直街道上的顾客不仅可以来到屋顶的露天餐厅，还可以沿着坡道从各个角度俯瞰城市。这样不仅为建筑添加了标志性，也让垂直街道在顶部产生了可以循环的回路。最后再加上维护和支撑结构，一个被街道缠起来的木乃伊建筑就诞生了（图34）。

图36

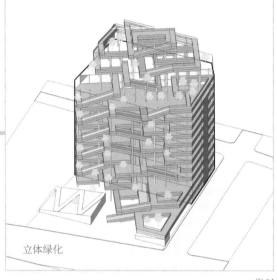

立体绿化

图34

图37

不对，人家称这条空中街道为"德黑兰之眼"（图35~图40）。

图35

室内商铺 中庭

垂直城市

图38

206

图 39

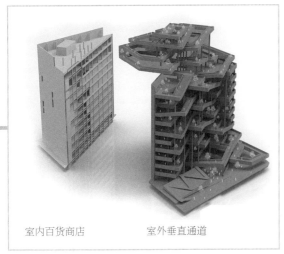

室内百货商店　　　　室外垂直通道

图 40

所以亲爱的甲方，我们不是画图骗钱的，设计
真的可以帮您解决问题。您要实在拉不下脸、
开不了口，我们为您提供匿名私聊服务。

图片来源：

图 1、图 6、图 8、图 11、图 35~ 图 40 来源于 https://www.
archdaily.cn/cn/932189/fmzdxin-zuo-jiang-de-hei-lan-
hun-ning-tu-jie-gou-gai-wei-gai-nian-xing-gou-wu-
zhong-xin，其余分析图为作者自绘。

END

你羡慕的自由灵魂或许只是个应试机器

图1

名　称：梅赛德斯－奔驰未来实验室（图1）

设计师：REX建筑事务所

位　置：德国·斯图加特

分　类：商业展览

标　签：功能细分

面　积：33 500m²

如果有一家高端奢华有内涵的国际化大公司，比如，梅赛德斯－奔驰。

如果它想要盖一座冷艳炫酷不差钱的高科技建筑，比如，"未来实验室"。

你猜建筑师们有多少种方式去歌颂甲方燃烧经费的伟大举动？

一般来说，建筑师都会觉得这就是个花式败家的比赛，但看谁能败出风格、败出水平、败出一条引领潮流二十年的康庄大道。毕竟，前辈UNStudio的消费记录摆在那儿呢（图2）。

图2

这座2006年建成的奔驰博物馆实在有毒，不但自带流量，让设计单位UNStudio一炮走红，还具备洗脑功能——打卡群众参观完以后就想刷卡，中了邪一样非得买车，以至于甲方"不得不"在旁边又盖了个销售中心。

咳咳，请甲方同志控制一下，不要笑出声（图3）。

图3

所以，再次开启全球设计竞赛的奔驰公司明摆着就是占便宜没够儿——不管黑猫、白猫，能卖出去车的就是好猫（图4）。

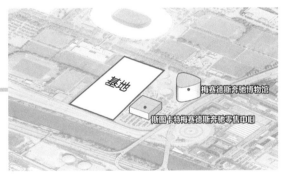

图4

还想着用新鲜想法打动甲方的建筑师们可以醒醒了，这并不是一场畅想未来的创意比赛，这只是一场以"未来"为题的作文比赛，还是高考命题作文，因为考点已经确定了。

奔驰搞的项目整体规划基本上就是一项商业营销计划（图5）：

图5

209

博物馆，代号"过去"，负责炫耀公司历史、展示经典车型；

新建的未来实验室，代号"未来"，负责显摆技术，展现研发实力；

销售中心，代号"现在"，负责端茶倒水、刷卡、签合同。

懂了吗？这是在线组队偷水晶，不是单机欢乐斗地主。你要配合，不要浪。

考点1："未来"是什么样子的？

每个人心中的未来都不一样，但在这里，"未来"只有一种样子（图6）。

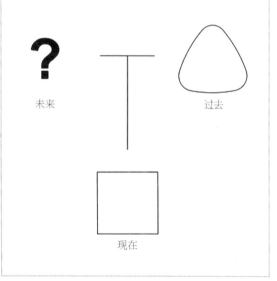

图6

首先，"未来"的存在背景是"现在"和"过去"。所以，新建筑最合适的位置就是与博物馆和销售中心呈正三角形构图的那个点，并根据面积要求和周边建筑的高度升起一个四层的体块(图7、图8)。

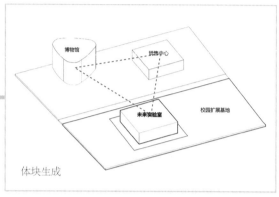

图7

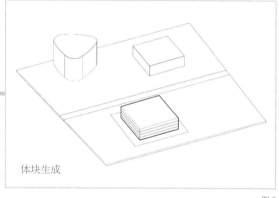

图8

其次，"未来"是与"现在""过去"不一样的。

就横截面而言，"过去"是个形体外凸的三角形；"现在"是个形体规整的四边形。既然凸的和平的都有了，那"未来"就只能是个凹的了。同时旋转一定角度，使形体有两个相邻的面都朝向现有建筑（图9、图10）。

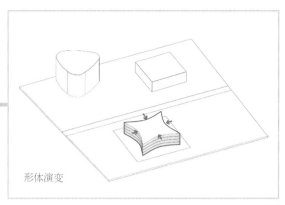

形体演变

图 9

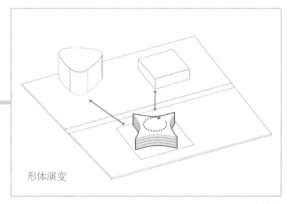

形体演变

图 10

考点 2: "未来"的展厅形式是什么样的 (图 11)?

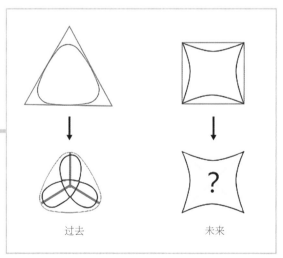

过去   未来

图 11

在象征过去的博物馆中,空间以三叶草的结构来呼应奔驰的标志。

那么未来呢? 总不能再改个标志吧。别这么死心眼,这其实是道脑筋急转弯题: 三叶草代表的是幸运,那比三叶草更幸运的是什么? 答案就是四片叶子的四叶草 (图 12)。

图 12

四叶草的空间组织形式也符合将不同类型展览进行个性化设计的需求 (图 13 ~ 图 15)。

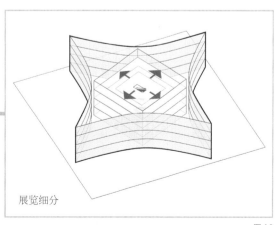

展览细分

图 13

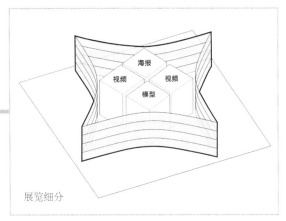

展览细分

图 14

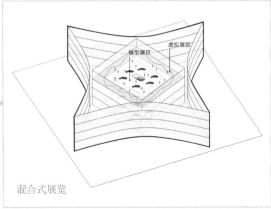

混合式展览

图 15

首先是实物模型展示。目标是以量取胜，也就是在参观者视线范围内放置最多数量的车。

为什么？不为什么，这就是实力！

为了先给游客强烈的视觉震撼，采用筒形停车楼的形式。圆筒四周放置车辆模型，在中间留出垂直轿厢，参观者不费吹灰之力自由上下，就像逛商场一样，各种琳琅满目的商品尽收眼底（图 16、图 17）。

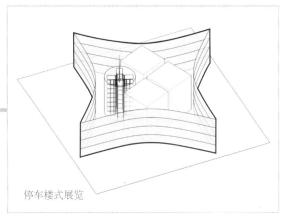

停车楼式展览

图 16

图 17

以新媒体手段诉说研发故事是展示未来汽车的另一个方式，于是其他三个展厅的墙体都变为电子显示屏（图 18、图 19）。

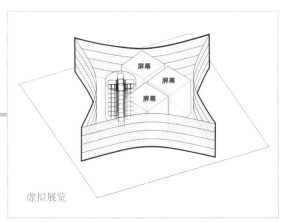

虚拟展览

图 18

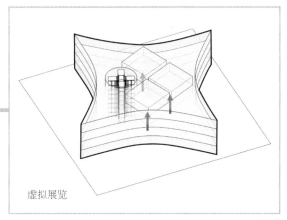

虚拟展览

图 19

同时将三个电子展厅也变成圆形,与车模展厅统一,也更符合新媒体展示沉浸式体验的特点(图 20)。

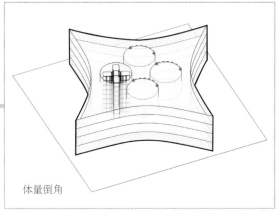

体量倒角

图 20

而圆筒也带来其他好处。游客从汽车模型展厅乘坐观光电梯到顶层后可以自由选择,从三个圆筒之一进入电子展示区,以最省力的方式观展。电子屏幕还可以根据需要,变成大型电子屏幕,为游客提供更加震撼的视觉体验(图21、图 22)。

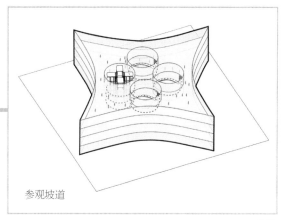

参观坡道

图 21

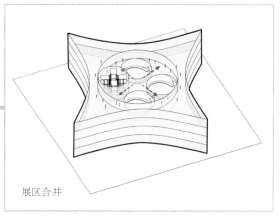

展区合并

图 22

考点 3:"未来"的销售环节怎么出现?

观看完高大上的技术展示与概念车型,参观者已经开始头脑发热准备变身成冲动消费者了。因此在消费者下到三层,内心还在震撼中时,甲方登场了!

213

工作洽谈区就顺理成章地布置在三层展厅的外围，在这条被精心设计的流线当中，签合同只在一瞬间（图23、图24）。

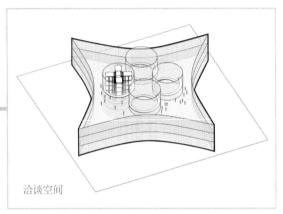

洽谈空间

图23

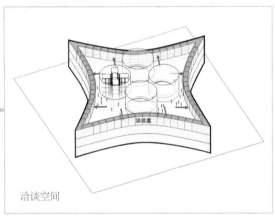

洽谈空间

图24

展览销售一体化的设计也是对原来 UNStudio 设计的只有展览功能的博物馆的一个改进。毕竟，走出博物馆再走进销售中心，其间消费者有太多机会头脑清醒转身回家了。

不得不说，为了掏空我们的钱包，甲方真的是很努力了。

考点4："未来"的空间组织是什么样的？

原来 UNStudio 设计的博物馆的空间看似复杂，其实只是一个空间，展示主题也只有一个，就是"古董大奔"（图25）。

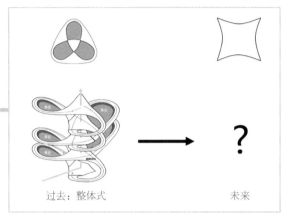

过去：整体式　　　　未来

图25

但新的未来实验室除了展示成品，还需要向参观者展示创造性的研发空间，也就是研发过程的几个不同阶段：实验—工作—演说—模型。可以说，二层空间是奔驰公司设计、研发、宣传、展览全流程的再现，因此展示给顾客的信息量非常大。

首先，十分简单粗暴地将整个二层平面按类别划分为四个部分：演讲厅、美术馆、工作坊、实验室。不同功能区之间的缝隙扩出交通通道（图26、图27）。

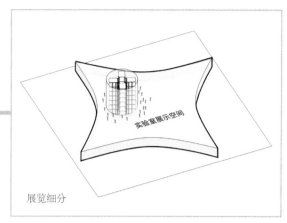

展览细分

图 26

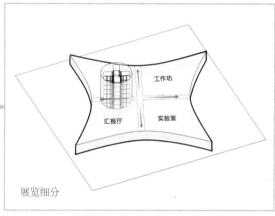

展览细分

图 27

将阶梯形的演讲部分置入，这 1/4 的空间成为
两个大空间的组合，一部分为室内集散空间，
一部分是正常的阶梯演讲空间（图 28）。

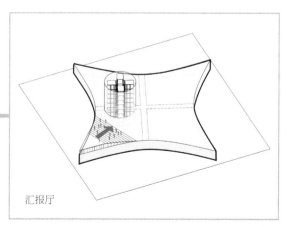

汇报厅

图 28

再将实验室置入第二个 1/4 空间。这部分选择
自由组合的模块空间布置方式，以满足不同的
实验空间需求。比如，可以在实验室周围布置
工作室及储藏室模块，形成传统的封闭实验室
（图 29）。

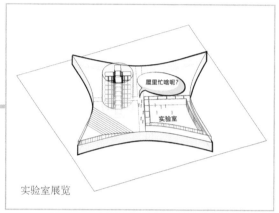

实验室展览

图 29

也可以摆放成可参观的走廊式实验室（图
30）。

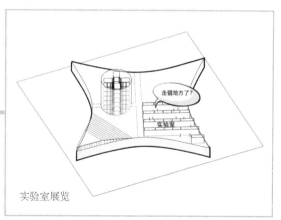

实验室展览

图 30

还可以将工作模块作为分界线布置在中央，分开不同实验单元的同时又能最大限度地对外展示（图31）。

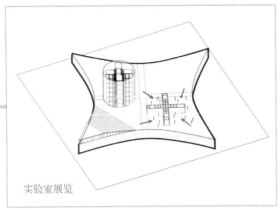

实验室展览

图 31

第三个 1/4 空间布置成工作坊。

这部分选择装配式活动空间，不同位置的墙体可变换组合方式以形成大小不同的使用空间，满足不同人数的工作需求（图32～图34）。

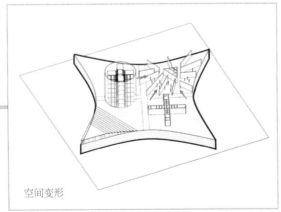

空间变形

图 32

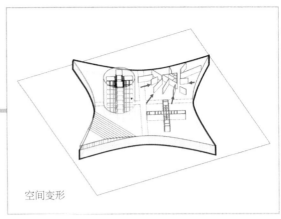

空间变形

图 33

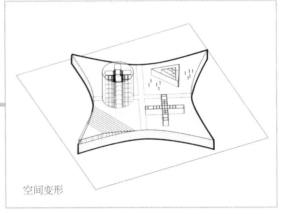

空间变形

图 34

最后的 1/4 空间用作艺术展示，同时设置集散及公共交通空间。

画重点：这种功能细分后的碎片化空间定制设计，是过程简单、结果复杂的典型操作。比起 UNStudio 通过复杂过程形成复杂结果的三叶草流线模式，显然更符合当代社会的人类行为方式（图35）。

图 35

图 38

另外将外围柱网布置成圆形，便于四个圆形展厅可以在需要时打开，形成一个大的环形展厅（图 36 ~ 图 38）。

因为一、二层空间形式与上部不同，所以一、二层采用折跑楼梯和电梯，而在三层改为四个弧形楼梯连接顶层（图 39 ~ 图 41）。

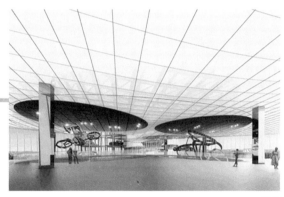

图 36

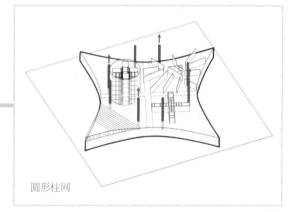

圆形柱网

图 39

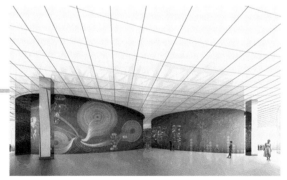

图 37

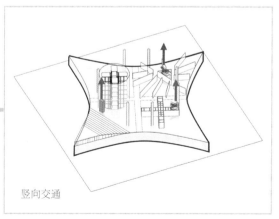

竖向交通

图 40

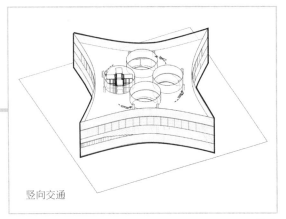

竖向交通

图 41

而顶层为了还原汽车在室外的状态，采用自然
采光。光线经过桁架间的半透明材料漫反射进
入室内。同时筒形展区削减部分桁架，满足不
同展览空间的采光需求（图 42、图 43）。

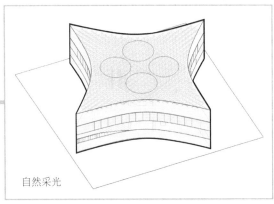

自然采光

图 42

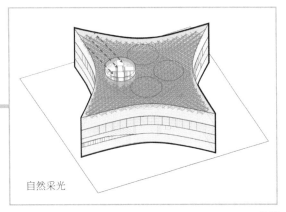

自然采光

图 43

我们再一起来回顾一下整座建筑里这条精心设
计的套路流线，如果这样还能带着完好无损的钱
包走出去，我敬你是条汉子（图 44 ~图 49）。

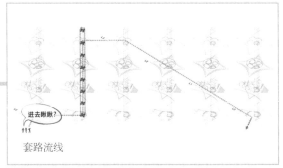

套路流线

图 44

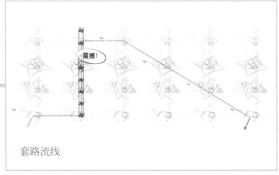

套路流线

图 45

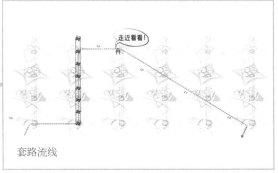

套路流线

图 46

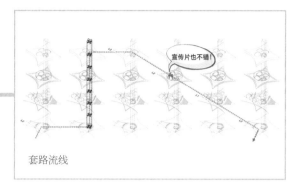

套路流线

图 47

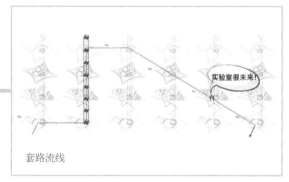

套路流线

图 48

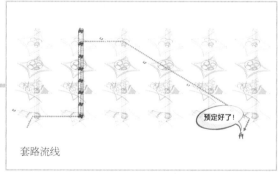

套路流线

图 49

考点 5：怎样把"过去""现在""未来"在整片场地里串联起来？

至此，作文还剩个结尾：把三座建筑融合。

扩建区域应该与已有的展览馆和销售中心形成统一的整体，所以将销售中心入口的椭圆形广场也延伸至加建区，形成新建筑的入口（图50、图 51 ）。

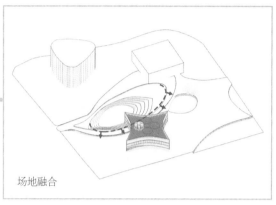

场地融合

图 50

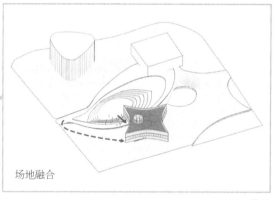

场地融合

图 51

这就是 REX 建筑事务所设计的奔驰未来实验室，也是最后的中标方案。因为只有 REX 找到了所有考点，并逐条逐句回答了问题（图 52 ~ 图 60 ）。

图 52

图 53

图 54

图 55

图 56

图 57

图 58

图 59

图 60

小孩子讨厌考试，因为他们必须去考试；大人们也讨厌考试，因为他们觉得自己可以选择不考试。可事实上，失去了那张卷子，我们连考试在哪儿都不知道。

我们羡慕别人的设计自由放飞，他们功成名就；殊不知，别人也在嘲笑我们的方案自由放飞，愚不可及。

图片来源：

图 1、图 18、图 36 ~ 图 39、图 54 ~ 图 62 来源于 https://rex-ny.com/project/mercedes-benz-future-lab/，其余分析图为作者自绘。

END

你的颜值还是败给了别人的心机

图1

名　称：埃及嘉宝尔集团汽车展示中心（图1）
设计师：Manuelle Gautrand 事务所
位　置：埃及·开罗
分　类：商业建筑
标　签：模块化，图底反转
面　积：12 000㎡

有人的地方就有江湖，有江湖的地方就有宫斗，有宫斗的地方，就有人活不过片尾曲。

比如，你。

你妙龄年华、闭月羞花，你做的设计像你一样美貌如花。你坚信颜值即正义，因为有人告诉你这就是个看脸的世界。

你猜，这个"有人"是谁？

在你玩儿命抠造型的时候，有人好像不紧不慢；在你熬夜做后期的时候，有人好像无所事事；在你左右纠结的时候，有人跑来说"选这个，这个好看"；在你方案被毙的时候，有人又跑来说"都是他们不懂欣赏"。然后，你领盒饭的时候发现有人领的却是中标通知书。

醒醒吧，傻白甜建筑师们，宫斗冠军都是在看不见的角落里默默搞事情的心机设计师啊。请记住这个地方——看不见的角落。

埃及知名的汽车集团嘉宝尔打算在开罗阿勒格里亚新区盖一个 12 000㎡ 的汽车展示中心。傻白甜们，不要看见"汽车展示"就以为要设计成奔驰博物馆。奔驰只应天上有，人间处处开吉利。

心机设计师早就调查清楚了：嘉宝尔集团的主要业务是在埃及组装吉利汽车。换句话说，奔驰展示汽车是为了让人"跪"，咱们这个相对就简单多了，就是单纯地为了让人"买买买"（图2、图3）。

图2

图3

所以，我们已经可以确立本项目的基本设计原则：适用、经济，以及在可能的条件下注意美观。

场地是个长方形，就将建筑体块设计为长方体，尽可能利用场地，不要浪费（图4）。

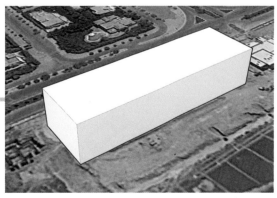

图4

223

建筑的主要功能是汽车展示，那么首先应该考虑的就是"怎样展示汽车"，对不对？

不对！

首先应该考虑的是，怎样经济、适用地展示汽车。也就是说，如果不搞那些花里胡哨、奇奇怪怪的空间构成，有什么最简单的方法让展示效果最大化。

心机设计师表示，这个方法叫作"模块设计"：将展区分解为一个个独立的展览模块来布展，并且保证每个模块单元能布置面积约为 80m² 的旋转展示台，向观众 360° 无死角地展示汽车（图 5）。

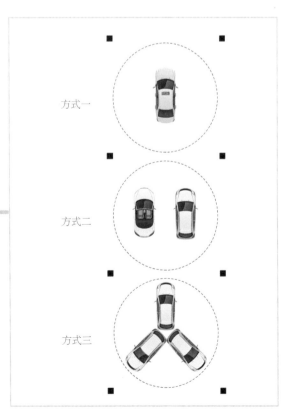

图 5

然后将建筑大体块进行等分切割，保证每个模块面积能容纳一个展区单元（图 6）。

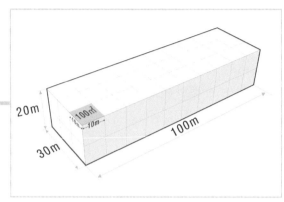

图 6

那么问题又来了：模块单元设计成什么样呢？通常说来，采用方形模块是最简单的（图 7）。

图 7

但其他模块也不算太麻烦（图 8）。

图 8

所以怎么选？傻白甜估计会凭心情、看眼缘，但心机设计师会做模块类型对比（图9）。

模块类型对比	是否适合于方形的建筑体块	形状是否吻合圆形旋转展台	空间利用率	综合考虑
方体模块 组合	√	×	√	×
锥体模块 组合	×	×	×	×
球体模块 组合	√	√	√	√
圆柱体模块 组合	√	√	×	×
三向度圆柱体组合模块 组合	√	√	√	√

图 9

以上这个过程就叫"设计研判"。心机设计师们能向甲方嘚吧这一过程15分钟，既暗示了自己的专业严谨，又展示了工作量，还悄没声儿地堵住了甲方挑毛病的嘴，懂了吗？设计过程中并没有绝对的"无用功"，只有没展示的工作量。

当然，研判过程还没有结束。现在圆柱体组合成的球形模块和自身球形模块作为展厅，用肉眼几乎看不出来区别，接下来怎么选？下面才是真正展现心机段位的时候。还记得前面画过的重点吗？看不见的地方。

再次画重点：模块展厅只是表面的策略，真正的设计要点在模块与模块之间的地方，也就是"图底关系"里的那个"底"。

我们可以看到，球形模块之间的底空间是三角帐篷式，室内空间高度变化剧烈，而且球面施工难度也相对较高（图10）。

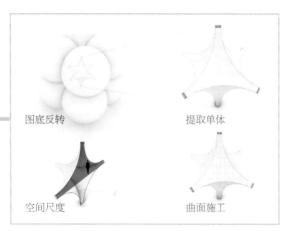

图底反转　　　　　　提取单体

空间尺度　　　　　　曲面施工

图10

而圆柱体组合球形模块之间的底空间呈现出更为复杂的多面体式，空间高度变化相对缓和。另外，由于曲面细分方式简单，所以施工难度也较低（图11）。

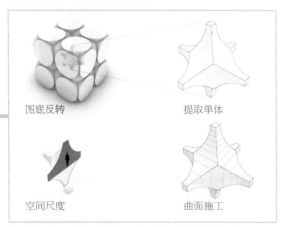

图底反转　　　　　　提取单体

空间尺度　　　　　　曲面施工

图11

至此，我们才可以选择让圆柱体组合球形作为经济、适用的展厅模块正式出道。把圆柱体穿插到方形建筑体量中，形成选定的组合球形模块（图12）。

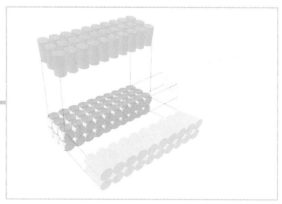

图12

然后就是见证图底反转的奇迹时刻（图13~图16）。

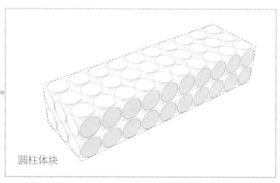

圆柱体块

图13

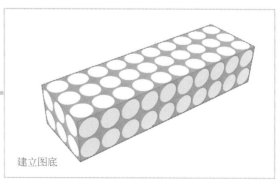

建立图底

图14

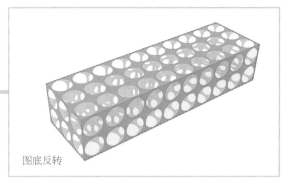

图底反转

图 15

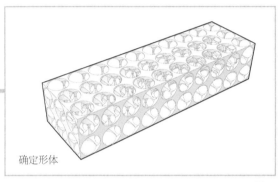

确定形体

图 16

但光图底反转没用，甲方又不是来和你讨论学术的。重要的是，反转后的空间有什么用。

对一个以"买买买"为主要目标的汽车展示中心来说，比展示空间更重要的是洽谈空间，也就是人们讨价还价、掏钱刷卡的地方。这个掏钱空间既要隐蔽低调，不能把恨不得抢钱的欲望写在脸上吓跑了顾客，又要大气高调，不能寒酸简陋，像白菜摊一样怠慢了"上帝"。最好还能随处可见，捕捉消费者们随时出现的消费冲动。

这种空间需求你要真的去刻意设计反而很难，但不经意间可能就自然形成了。比如，我们反转后形成的那个"小帐篷"。我们在"小帐篷"的中间区域铺设楼板（图 17）。

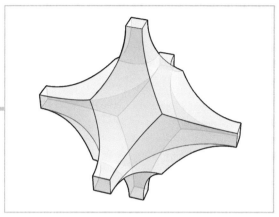

图 17

然后确定空间入口，开设门洞（图 18）。

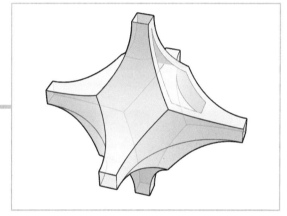

图 18

加设台阶过渡展厅空间（图）与洽谈空间（底）之间的高差（图 19）。

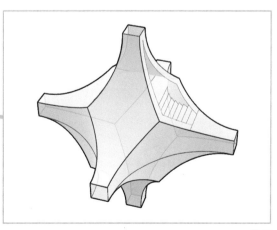

图 19

最后，在墙上打洞成窗，打完收工（图20）。

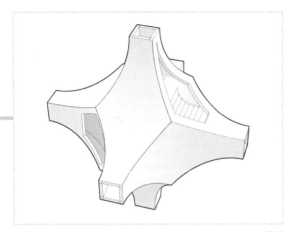

图20

准备买车的埃及贵宾们高坐在视线极佳、风格
迥异的小帐篷里，边指点江山，边讨价还价，
这真的很埃及（图21～图23）。

图22

图21

图23

在你抱着经典建筑学的功能流线和甲方据理力争的时候，心机设计师们早就毫无负担地与甲方和解了，因为从一开始，他们考虑并设计的就是"营销流线"（图 24 ～图 31 ）。

图 24

图 25

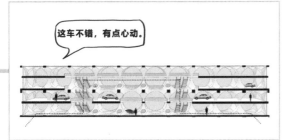

图 26

图 27

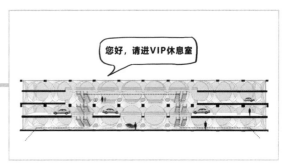

图 28

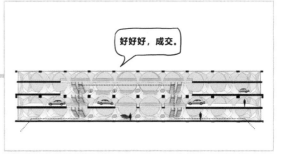

图 29

229

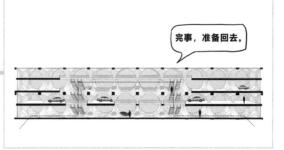

图 30

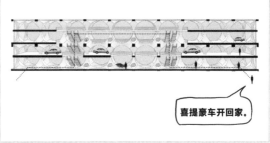

图 31

同时，这个小帐篷也取代了我们早先确定的组合圆柱形模块，成为施工过程中真正标准化预制生成的模块构件。这些十字形立体单元骨架连成整体后，也就成了建筑的结构支撑（图32、图33）。

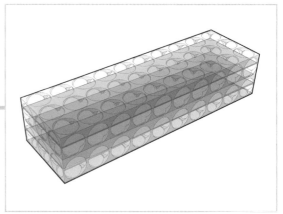

图 34

图 32

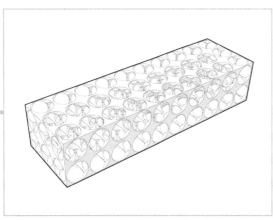

图 33

接着还需要逐层铺设楼板。现在的标准模块已经由圆柱展厅变为洽谈小帐篷了，因此以小帐篷为尺度加设楼板，也就是每个组合圆柱体展厅被分为了两层（图34、图35）。

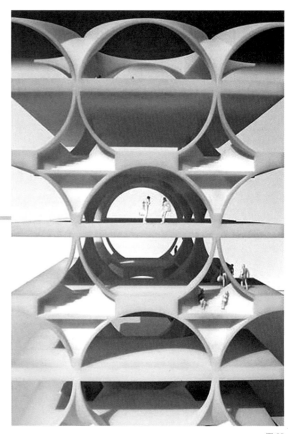

图 35

最后再塞入符合模数的交通核以及中庭，使得整个建筑空间形成"回"字形结构，设计就基本完成了（图36）。

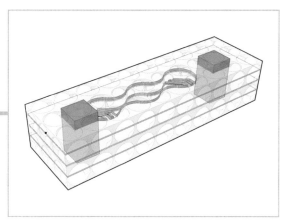

图 36

什么？你问立面怎么设计？当然是——不用设计！

直接借助掏洞生成的圆窗，把空腔空间展示给路人，自己省事，甲方也省了广告牌，还实现了建筑内外的逻辑统一（图 37）。

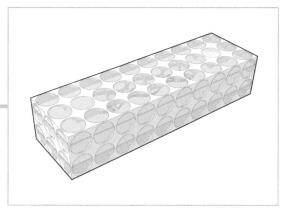

图 37

这就是 Manuelle Gautrand 事务所设计的埃及嘉宝尔集团汽车展示中心，一个满满都是心机的经济适用方案（图 38 ~ 图 40）。

图 38

图 39

图 40

看脸的世界是这个充满心机的社会最大的心机。你相信，是因为有人想让你相信。在建筑这个江湖里，要么你处理好人与人之间的关系，要么你设计好空间与空间之间的关系。总之，都是在看不见的地方下功夫。

看得见的都是花团锦簇，看不见的才是你死我活。

图片来源：

图 1、图 2、图 21 ~ 图 23、图 35、图 38 ~ 图 40 来源于 https://www.archdaily.com/28766/showroom-and-leisure-center-manuelle-gautrand-architecture，其余分析图为作者自绘。

END

一把老骨头被迫营业竟然喜提整座城

图1

名　称：波尔多市加伦河东岸再生项目总体规划之营房改建（图1）
设计师：MVRDV 建筑设计事务所
位　置：法国·波尔多
分　类：改造，加建
标　签：模式，转型
面　积：14 800m²

这房子啊，和人一样，不能选择出身，也很少能按照设想完美成长，稀里糊涂过个几十年之后，有些人进了名人堂，有些房子进了保护区。

然而，大部分，或绝大部分无功无过的普通人和普通房子，都是自然进入养老状态，等待自然淘汰的。但如果在安享晚年的日子里碰上一群爱闹腾的熊孩子，再想组个啤酒泡枸杞的养生局，估计就比较困难了……

我说的这群熊孩子就是你想的那群熊孩子——MVRDV 建筑设计事务所。

有一天，他们忽然抽风，参加了一个法国波尔多市的城市规划项目竞赛，就是加伦河东岸一片占地 35hm² 的废弃工业区需要规划更新（图2）。

图 2

但这却不是一般的废弃工业区，而是一片具有历史价值的废弃工业区。在我们这儿基本就属于一般保护级别的历史风貌建筑（图 3）。

图 3

可很明显，波尔多市还没有制定可以按图索骥的地方法规，结果就是整个项目都散发出谜一样的气质——既不值得花大力气保护，但也不敢随便拆了惹众怒。而法国甲方更是索性破罐子破摔，把皮球踢给了建筑师：啥要求也没有，能让各方都满意就行。

按照世界各地的过往经验，这种覆盖率高的低层建筑历史街区都会被拿来先修修补补，再搞搞行为艺术，邀请各种画廊、工作室、酒吧等小众非主流业态入驻，最后把一堆老古董捯饬成一个创意街区或者艺术小镇啥的，比如，大家都知道的 798 艺术区（图 4）。

233

图 4

但艺术不能当饭吃，白天大家来打卡、装装艺术家就算了，晚上还是要各回各家、各找各妈。换句话说，这种改造更新有一个隐藏漏洞，就是只能形成景区，独善其身，却很难形成社区，带动周边。而景区和社区之间最明显的代沟就是能否成功开发出居住产品。

不会卖房子的艺术家不是好厨子。

MVRDV 决心当一个好厨子，把这片历史街区规划成集商业、艺术、历史、文化、休闲、居住多位一体的新型城市社区典范。

3，2，1，开始。

一般来说，帅不过三秒。

MVRDV 很快就发现了问题：我们是个建筑爱豆（偶像）啊，规划怎么做？

好了，不开玩笑。熊孩子组合不是不会做规划，而是不肯用规划的方法做规划，常规操作不符合小爷叛逆的气质。

<u>画重点：因为 MVRDV 习惯用规划的思维做建筑，所以这次他们就决定用建筑的思维做规划。</u>

基本思路是把一个历史古董建筑改造成一个商业、艺术、历史、文化、休闲、居住多位一体的综合体建筑。这样如果一块地的问题解决了，那么其他所有地块都同样批量处理就可以了，也就是所谓做一座建筑就约等于做完整个规划了。

说白了，MVRDV 没打算规划一个片区，也没打算设计一座建筑，他们真正的野心是研发一种模式。一种古董建筑变身社区综合体的更新模式。

于是，MVRDV 随便挑了一块地——The Magasins Generaux du Sud（MGS）。这块地上的现存建筑是一座古董营房（图5、图6）。

图 5

图 6

你应该已经发现了，社区综合体模式的研发难点，在于怎样在古董建筑上增加足够数量的居住产品。再不值钱的古董也是古董，拆除后新建这种事儿就想都不要想了——无论拆一小部分，还是拆一小小部分都不可能（图7）。

图 7

没有空地又不让拆除，新房子难道要飘在天上吗？！还真是飘在天上。MVRDV给出的答案就是让加建的体量"飘起来"，悬在原有结构上面（图8）。

图8

但以一个建筑师敏锐的嗅觉，很明显这样做会产生许多问题：功能怎么分区？结构如何满足？底部如何采光？上下部分怎么连接？怎样消除上下层的违和感使建筑成为一个整体……

自己挖的坑自己填。您呼叫的甲方已不在服务区。解决这一大堆问题之前，先进行一个简单的功能分区。

很明显，公寓只能放在社区文化中心上面。那就刚好，原有结构做文化中心，加建体量做公寓（图9）。

图9

友情提示一下：这本来就是一场规划竞赛，是MVRDV自己非要搞成模式研发，还非要拿一座建筑开刀的，所以功能面积这种事儿就是浮云，压根儿没准儿，大家千万别纠结。

1. 采光问题

因为不能对周围其他老古董建筑的采光造成影响，所以首先按照光线角度对加建体量进行切割（图10、图11）。

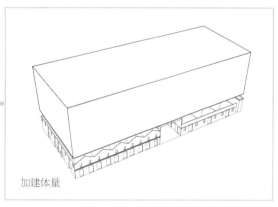

加建体量

图10

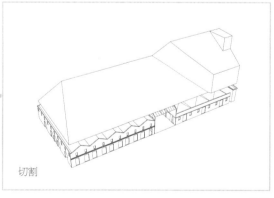

切割

图11

这样做不仅会减少新增公寓体量对光线的遮挡，并且切割后的公寓也成功隐身，从人视角度上看没有改变原有街道恰到好处的尺度感（图12、图13）。

图12

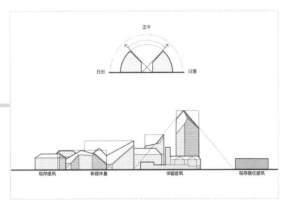

图13

另外还要保证底层文化中心的采光。首先留出采光缝隙，也顺便把公寓区划分为大小适宜的体块（图14）。

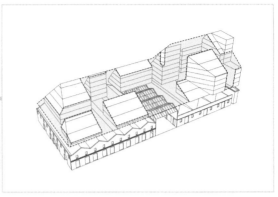

图14

现在光是投下来了，但被不透光的屋顶给挡住了。所以，MVRDV果断把屋顶掀了，保留原有形态肌理，将屋顶材质替换为玻璃（图15）。

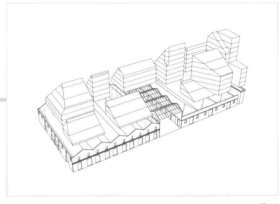

图15

从内部看，改造后的屋顶如图16所示。

图16

2. 结构问题

把上部柱子延伸至下层，屋顶开洞，打断的空间作为绿化种植中庭（图17）。

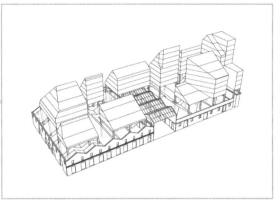

图17

3. 干扰问题

选取公寓底层空间作为公共活动区，夹在文化中心与公寓之间，减弱底部公共空间对上层居住空间的干扰（图18）。

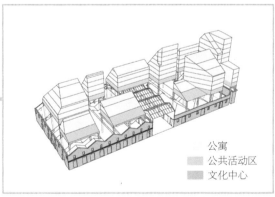

公寓
公共活动区
文化中心

图18

同时在文化中心的布局上，把较为安静的展览功能放在顶部，进一步减弱对居住空间的干扰（图19）。

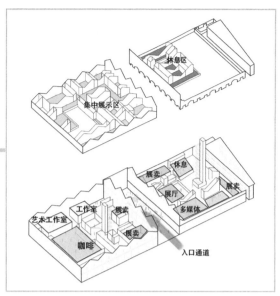

休息区

集中展示区

展卖
休息
展厅
展卖
展卖
多媒体
工作室
艺术工作室
展卖
咖啡
展卖
入口通道

图19

4. 交通问题

采用最简单的办法——插入纵向的交通核加横向水平连廊解决交通问题（图20、图21）。

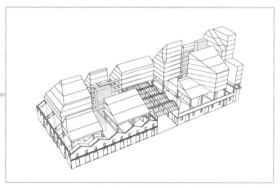

图20

图21

5. 形象问题

沿光线切割面加入可调节的统一格栅外立面，连接分散的公寓体量，并与下层结构衔接为统一的整体（图 22）。

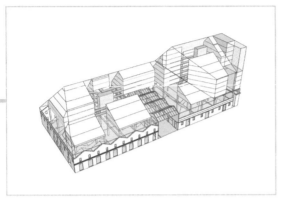

图 22

6. 细节问题

最后丰富细节，把切割的三角区域利用为阳台或者种植平台（图 23）。

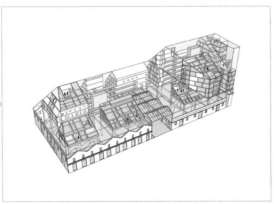

图 23

至此，方案基本完成，最终如图 24、图 25 所示。

图 24

图 25

最终的结果也堪称神级，叛逆熊孩子们就这样用一座建筑赢得了一个城市规划竞赛。

这个项目已于 2014 年开始施工建设，最终将为市民提供 2400 户住宅，以及店铺、办公和其他公共设施。

其实也没有那么神秘，MVRDV 的这个套路叫"研究型设计"，提供的不是一个结果，而是一套方法论模式。就好比老板让你请 50 个人吃饭，你就傻乎乎地去找能坐 50 个人的大桌子，而隔壁新来的熊孩子却研究了每个人的口味喜好，精心搭配成 5 人一桌，共 10 桌。看似你们俩都完成了任务，但老板内心盘算的却是：
如果明天请 100 个人吃饭，你个傻子上哪儿去
找能坐 100 人的桌子啊？还是熊孩子靠谱，就
算请 1000 个人吃饭，也不过是 200 份五人套餐。
虽然老板可能永远都不会请 1000 个人吃饭，
但这并不影响他开除你。

后来 MVRDV 还在波尔多市民广场上举办了名为
"悬浮的 Bastide Niel 街区"的展览：将建筑
模型按照计划中的分布安装在一批支撑杆上，
再组合成一个整体进行展示，市民可以穿梭其
中，亲自体验在改建后的城市中穿行的感觉（图
26 ~ 图 28 ）。

图 28

都说设计的本质是解决问题，可解决了问题的不
一定都是好设计，还要看答案的数量和质量。有
的建筑师用一个答案解决了一个问题，而有的建
筑师却用一个答案解决了 100 个问题。

图 26

图 27

239

图片来源：

图 1、图 12、图 16、图 21、图 24 ~ 图 28 来源于 https://
www.mvrdv.nl/projects/4/le-grand-magasin, 其余分析图为作
者自绘。

END

那个建筑就像蓝天白云，晴空万里，突然暴风雨

图1

名　称：里昂汇流博物馆（图1）
设计师：蓝天组事务所
位　置：法国·里昂
分　类：博物馆
标　签：网格，行为
面　积：46 476m²

在建筑师看来，蓝天白云不仅意味着今天出门可以不戴口罩，还意味着今天的方案可能不太好"抄"（图2）。

图2

作为著名的"万物皆可一朵云"的事务所，蓝天组几十年如一日地在世界各地孜孜不倦、勤勤恳恳地种植太空育种变异"云"，为推进气象学在建筑领域的交叉应用做出了不可磨灭的贡献。然而，对普通画图群众来说，看到这些太空云的反应只有一个：千万，千万，别让我那糟心的甲方看到！

一旦心血来潮非得照样搞一个，那就真是：蓝天白云，晴空万里，突然暴风雨，然后一直暴风雨，永远暴风雨，下得比依萍跟她爸要钱那天还要大[1]！

但马克思主义唯物论早就告诉过我们：下雨天跑是没有用的，要么你盖个自己的房子避雨，要么你拆了别人的房子……

法国里昂索恩河与罗纳河交汇处的三角洲上，有一块20 975m²的建设用地。里昂市政府想在这儿盖一座约46 000m²的博物馆。于是按正常操作，他们搞了个国际竞赛（图3）。

图3

①出自电视剧《情深深雨濛濛》。

当然，我们今天的主角蓝天组成功中标。里昂甲方觉得自己押对了宝，没想到却被诈金花——这座博物馆整整盖了 13 年，花了 1.5 亿欧元才建成。

我赌一包辣条，如果里昂甲方在竞标时就知道这个方案要花十几年、十几亿人民币才能搞定，他们大概不会这么轻松愉快地就选定了蓝天组。那就只剩下一种可能：蓝天组让甲方相信这玩意儿根本就没那么复杂。

首先，基地位于两河交汇处的三角洲上，位置很尴尬。因为你会被 360° 无死角围观：有人在高架桥上俯视你，有人在马路上平视你，还有人在游船上仰视你。而作为一个有头有脸的博物馆，你只能让自己 360° 无死角。所以在设计策略上，这个建筑就不能像普通建筑一样敦实地扎根在基地上（图 4）。

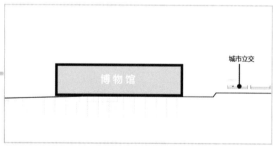

图 4

因此，蓝天组选择在建筑中部架空博物馆的部分体量，使之更加醒目地出现在四周高架桥的视线里，增强标志性。同时也就自然划分了功能区间：上部为展览空间，下部为办公空间，中间架空部分为休闲空间，也为较低的游船视线提供欣赏角度（图 5）。

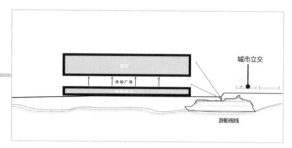

图 5

现在这年头儿，建筑师不搞点儿功能重组、功能延伸、功能分解什么的都不知道和甲方聊什么了，像这么朴实无华的功能分区也是很清新了。但事出反常必有妖，人出反常必有刀。蓝天组又不是什么白莲花，这个看似平常的功能分区其实暗藏心机（图 6）。

展览空间	办公空间	休闲空间
临时展览		餐饮
常规展览	办公室	观景平台
门厅	门厅	门厅
交通	交通	广场

图 6

<u>画重点：蓝天组真正的划分依据是空间复杂程度。也就是建筑师在设计上的作妖程度（图 7）。</u>

图 7

在蓝天组眼里，任何一个建筑都可以被当作至少三个建筑来设计：一个是功能性的不复杂空间，按经济适用项目处理；一个是标志性的真复杂空间，按顶级国际竞赛处理；还有一个是只做表面文章的假复杂空间，按实际情况处理（图8）。

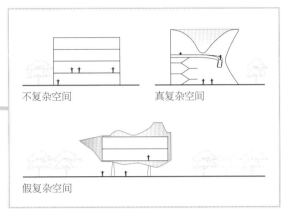

不复杂空间　　　　真复杂空间

假复杂空间

图8

明白了吗？蓝天组对建筑真正的分区其实是这样（图9）。

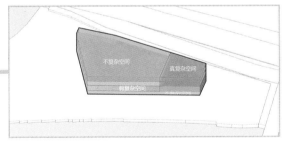

图9

不复杂空间

展览空间分为临时展览空间和常规展览空间，主要由三个核心筒按三角形分布来支撑架空（图10）。

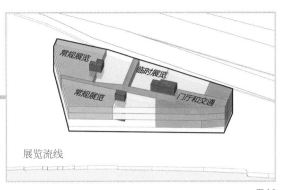

展览流线

图10

因为被架空，所以参观流线从门厅开始就被台阶和通道连接，直接将游客从一层平台送入展览空间（图11）。

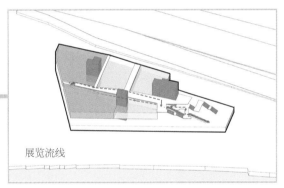

展览流线

图11

部分管理办公空间被放在顶层，同时在屋顶最高处设置了一个空中餐厅，不要浪费美丽的河景风光（图12）。

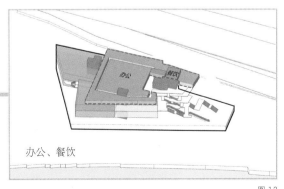

办公、餐饮

图12

同时，将一层平台的台阶坡道向场地延伸，既呼应城市人流来向，又使河岸码头与博物馆有了连接（图13）。

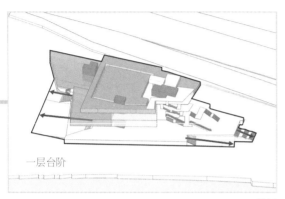

一层台阶

图13

当然，这么大的悬挑光靠三个核心筒肯定没戏，所以展览空间采用大型桁架结构，将受力传递到少数几个竖向结构上（图14、图15）。

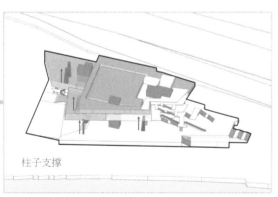

柱子支撑

图14

图15

至此，里昂博物馆里的那个不复杂建筑就完成了。这时的蓝天组看起来完全就像我们身边一个普通的建筑师，模型做出来都是那样的（图16）。

图16

然而隔天早上你会发现，人家交的图却是图17这样的。

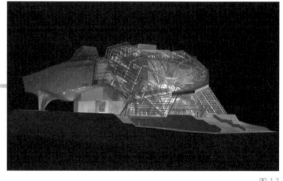

图17

真复杂空间

就是那朵云。虽然蓝天组张嘴闭嘴都是"云"来"云"去的，但实际上却从不对甲方进行理念绑架。换句话说，他们只在没有具体使用功能的地方造"云"——只开荒，不占巢。

具体到这个建筑里，造云首选的就是朝向城市的门厅。将门厅的常规体量变成多个碎片共同组成的不规则形体，然后起个洋气的名字，叫"水晶体"（图 18、图 19）。

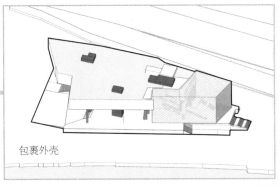

包裹外壳

图 18

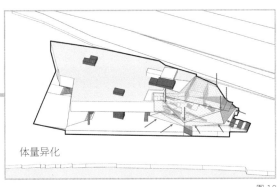

体量异化

图 19

其实不管形体长啥样或者叫个啥，都不是重点，重点是要在这里集中、具体、强烈地表达理念，进而统领整个建筑。

蓝天组的理念就是"云"，继续将门厅的顶部局部凹陷，形成云状采光井（图 20）。

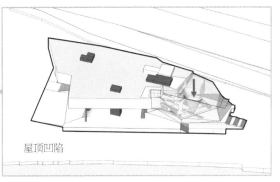

屋顶凹陷

图 20

云状形体同时也成为门厅的结构（图 21 ～ 图 23）。

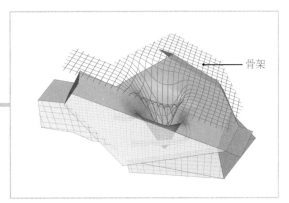

骨架

图 21

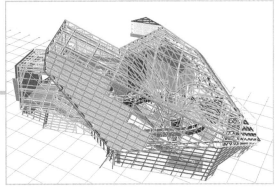

图 22

图 23

假复杂空间

如果说真复杂是伤筋动骨，假复杂就是描眉画眼，你可以简单理解为装修。

在朝向河面的架空部位，将最外侧的柱子全部采用云状外壳包裹，强化河面与对岸视角建筑整体上重下轻的飘浮感。同时在路径端头形成平台，使之成为可用来观看河景的休息空间（图24、图25）。

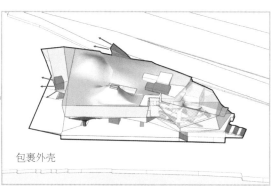

包裹外壳

图 24

图 25

架空部分的顶棚也全部用不规则的凸起包装，继续加强云的意向。顶棚的云在对下部空间限定的同时，也形成了特殊的框景效果（图26）。

图 26

在假复杂的部分，所谓云的意向完全是由在常规体量外包裹非常规外壳来实现的（图27）。

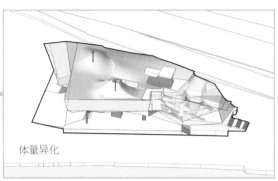

体量异化

图27

这就是蓝天组设计的里昂汇流博物馆，一朵"难辨身中真共假"的云（图28～图30）。

图28

图29

图30

能设计出复杂建筑的设计师当然了不起，但能把复杂建筑再分解成简单任务的建筑师更了不起。这里面体现了优秀建筑师的一个非常重要的特质，就是分寸感。

在有些地方，只要甲方不喊停，你就可以尽情发挥，而在另一些地方，即使甲方让你随便发挥，也不过是随便客气一下。

一个有分寸感的建筑师会清楚地知道自己发挥的余地在哪里，甲方能接受的边界又在哪里。

作家周国平说："一切交往都有不可超越的最后的界限，而一切麻烦和冲突都源于想要突破这界限。"你设计的那个建筑，叫方案，是你一个人的事情；而你参与的那个建筑，叫项目，是很多很多人的事情。

图片来源：

图1、图15～图17、图22、图23、图25、图26、图28～图30来源于www.coop-himmelblau.at/architecture/projects/musee-des-confluences/，其余分析图为作者自绘。

247

END

后浪们划船不用桨，做设计也全靠浪

图1

名　称：伊斯坦布尔的新航空和科学博物馆（图1）
设计师：阿纳斯·马赫里（Anas Mahli）
位　置：土耳其·伊斯坦布尔
分　类：博物馆
标　签：模块，曲面
面　积：18 000m²

众所周知，建筑师是一个老龄化职业。别人二十郎当岁崭露头角时还满心遗憾地说"出名要趁早"，而建筑师要在 20 乘以 2 的年纪才算到了成人礼，五十岁走花路还是青年先锋派，六七十岁依然处在上升期全力冲刺普利兹克——掐指一算，还能陪跑二十年。

那么问题来了：二十岁的建筑师都在干什么？还能干什么，当然是干活儿挣饭钱啊。不但要挣饭钱，还要挣房租、话费、煤气水电费、衣服鞋帽钱，挣永远躲不开的份子钱和永远凑不齐的首付款。

年轻人眼里的世界很大，手里的世界却很小。前浪们只需一句涨房租，就可以让后浪设计师们放弃所有百转千回的创意，老老实实回家画楼梯。

无论前浪还是后浪可能都画过楼梯，重点是你被现实封印后就能心甘情愿地告别冲浪运动了吗？不，你要有策略地浪、迂回地浪、声东击西地浪，只要掐着门禁的点儿回家就还是好孩子。因为，最后在沙滩上被摩擦的都被晒成了渣。

今天要讲的就是一朵后浪的设计故事。具体地说是小后浪建筑师一本正经浪上了天，带着大飞机一起荡漾的故事。

小后浪接到的任务是设计一座航天博物馆，通俗地讲就是看飞机的地方。但大飞机不是那么容易看的，因为大啊！近了看不全，远了看不清（图 2）。

图 2

所以，航天博物馆的解决方法就是将飞机按比例缩小，做一堆仿真模型挂起来，再在室外放架真飞机意思意思得了（图 3）。

图 3

小后浪是一个诚实、靠谱、耿直的好青年，既然人们进了博物馆，就得让人家 360° 无死角地看飞机，还得是真飞机。如果只有站在地上一个角度可以看，那和飞机场有什么区别？何况还是看模型，连飞机场都不如。

249

小后浪觉得，要解决这个多视角参观的问题就得"浪"起来。对，他的意思就是"曲面楼板"。

自由随意的空间里，飞机可以起起伏伏地摆，人也可以上上下下地看。再挖几个云淡风轻的中庭，让室内外展厅有机融合，有没有一种"谈笑间，墙橹灰飞烟灭"的潇洒（图4）？

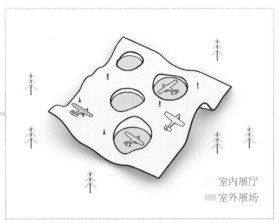

室内展厅
室外展场

图4

咳咳，先醒醒。

这个想法没啥问题，曲面楼板也没啥问题，光是妹岛女神建成的这类建筑都一抓一大把了。真正的问题是：一朵小后浪、一个小透明，凭什么去做一个"自由随意"的曲面？

建筑界的生存法则就是这么残酷，资格比品格更有格调。有话语权的不是智慧，而是名讳。你的道理再有道理也是随意，而有的人的随意就是道理。所以，故事的走向应该是小后浪被逼无奈向现实低头，放弃创意吗？

作为后浪本浪，可以不自由，但不能不浪。有条件要浪，没有条件制造条件也要浪。我是说，我们可以做一个规规矩矩、一本正经、不自由、不随意的大波浪曲面啊。

首先来定规矩，拉一张轴网（图5）。

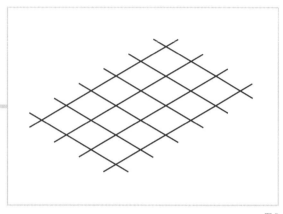

图5

将轴线转化成面（图6）。

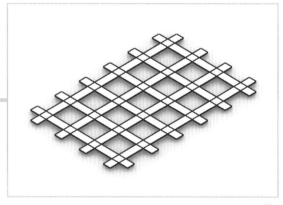

图6

此时就自然地形成了两种空间，且是两种有机交织在一起的空间（图7）。

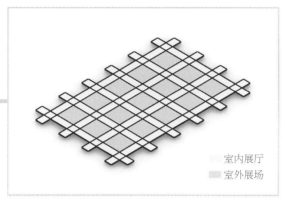

室内展厅
室外展场

图 7

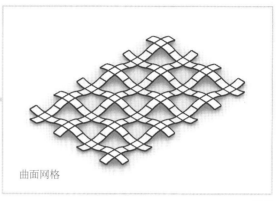

曲面网格

图 10

然后我们在网格的交点上有规律地、整齐地拉高和降低，就形成了一个"乖巧"的曲面（图8 ~ 图 10）。

当然，这个曲面虽然长得乖巧，却不太好用：线条型空间实在不适合摆飞机。所以还要继续改良，提炼出这个网格曲面的一个基本单元，也就是一个十字相交、中间凸起的小曲面（图11）。

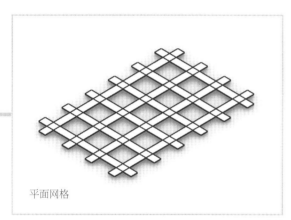

平面网格

图 8

图 11

我们把交接处向外扩张，就得到了一个新的基本单元（图 12、图 13）。

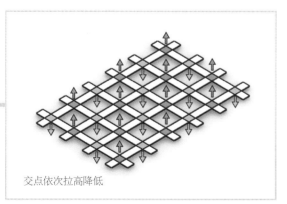

交点依次拉高降低

图 9

交接处向外扩张

图 12

新的基本单元

图 13

再将这些新的基本单元正反相接，就得到了一个大的组合单元（图 14、图 15）。

基本单元

图 14

正反相接

■ 正面
■ 反面

图 15

这个方式可以理解成毯式建筑的设计做法，通过赋予一个基本单元规则而不断扩张。水平扩张没问题，但垂直方向如果也是简单复制的话，就依然只能靠垂直楼梯来联系上下层。换句话说，想俯瞰飞机还得去爬楼梯（图 16）。

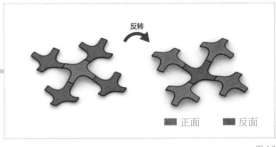

■ 垂直交通

图 16

敲黑板，小后浪的神来之笔来啦！

把由五个基本模块形成的组合单元镜像一下，简单说就是翻个面儿再扣上去（图 17）。

反转

■ 正面　■ 反面

图 17

具体操作是将组合单元的反面旋转 45°，然后将正反两面叠加放置（图 18）。

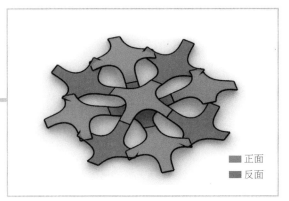

图 18

再把正反两面交界处优化为平滑曲面（图 19 ）。

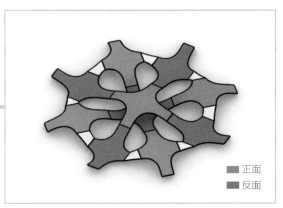

图 19

至此，就形成了一个两层楼面完美的交会，流线无限循环的展览空间（图 20 ）。

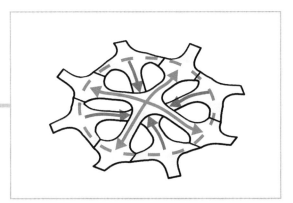

图 20

然后就可以在这个治愈强迫症的大波浪上各种愉快地摆放飞机或者看飞机啦（图 21、图 22 ）。

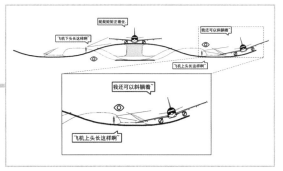

图 21

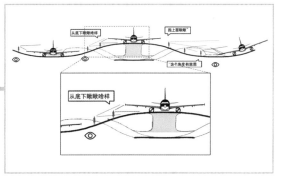

图 22

而且我们还会得到许多基本图形勾勒出来的孔洞，形成天然的室外展场，与展馆内部无缝结合（图 23 ）。

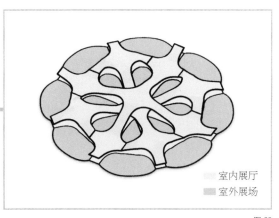

图 23

这就是小后浪对航天博物馆的空间骨架构想。但是骡子是马，还要牵出来遛遛。

新的航空和科学博物馆位于伊斯坦布尔西南的耶希尔科耶区。整个场地约21 000m²，建筑面积要求约18 000m²。场地内有两座既有建筑，西北方向有一个航空纪念碑。博物馆的功能包括飞机展陈、教育研讨以及航空科学的兴趣交流（图24）。

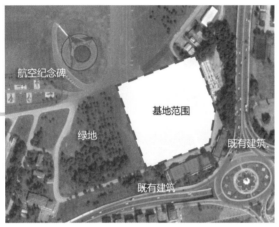

图24

在场地内摆放空间模块，并在两端确定主入口（图25）。

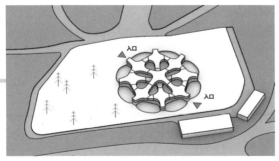

图25

为了不使相差巨大的体量对后面的航空纪念碑产生压迫感，建筑整体下沉一层（图26）。

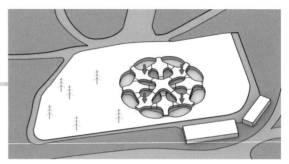

图26

针对具体的功能面积需求对空间进行调整。

首先强调出"纪念碑—博物馆"这一轴线，去掉正对纪念碑的模块（图27、图28）。

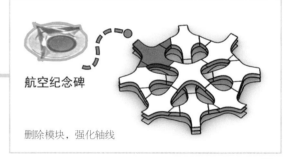

航空纪念碑

删除模块，强化轴线

图27

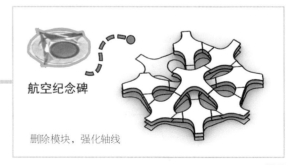

航空纪念碑

删除模块，强化轴线

图28

增设条形体块强化序列感（图29）。

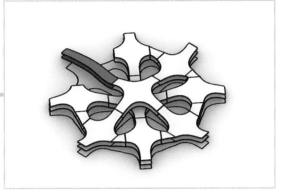

图 29

顺应新增设的体块，将两侧模块放大成大空间
（图 30、图 31 ）。

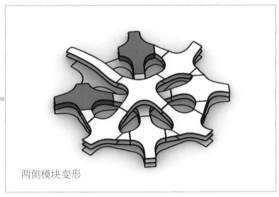

两侧模块变形

图 30

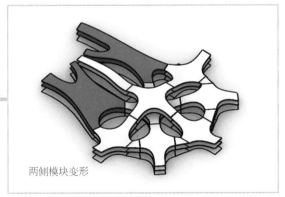

两侧模块变形

图 31

补齐入口，增强空间的引导性（图 32 ）。

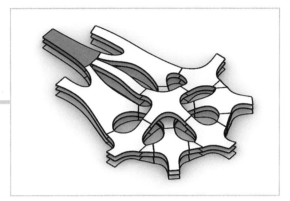

图 32

调整东侧两个模块的位置，使其对应场地内的
既有建筑，同时也继续强化"纪念碑—博物馆"
这条轴线（图 33、图 34 ）。

模块变形，强化轴线

既有建筑

图 33

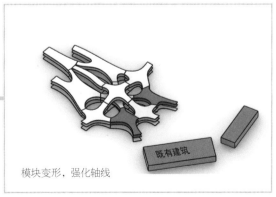

模块变形，强化轴线

既有建筑

图 34

增大对应东南侧道路的模块面积（图35、图36）。

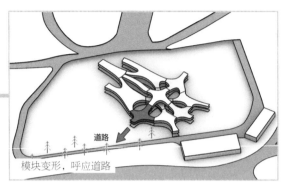

模块变形，呼应道路

图35

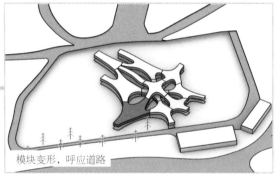

模块变形，呼应道路

图36

然后统一优化曲面（图37）。

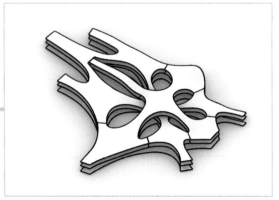

图37

再将功能排布进去（图38、图39）。

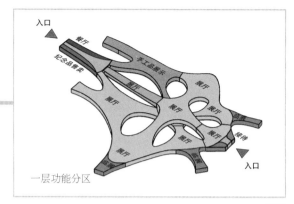

入口

餐厅

纪念品售卖

手工品展示

展厅

展厅

展厅

展厅

展厅

展厅

展厅

接待

入口

一层功能分区

图38

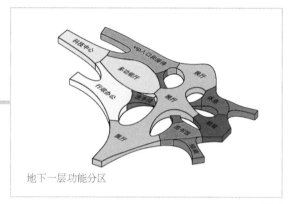

科技中心

VIP入口和接待

行政办公

多功能厅

亲子园

展厅

展厅

休息

图书馆

咖啡

地下一层功能分区

图39

分区后设置房间（图40、图41）。

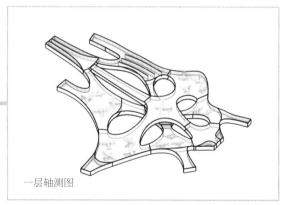

一层轴测图

图40

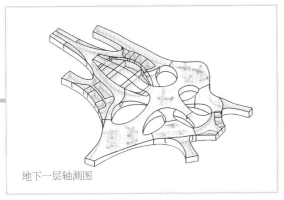

地下一层轴测图

图 41

结合地面和形体外轮廓做室外展场（图 42）。

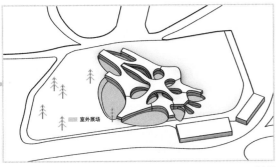

图 42

根据建筑形体新设计一条道路，连接城市道路并区分出博物馆与原有绿地（图 43）。

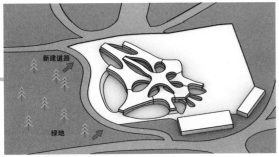

图 43

调整屋顶形状，使建筑与场地之间的连接更自然（图 44、图 45）。

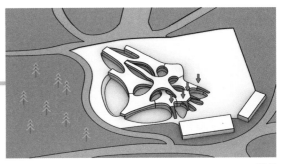

图 44

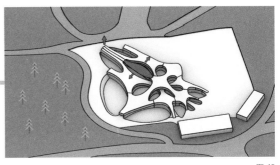

图 45

至此，整个建筑空间基本完成，但还有结构大魔王正在虎视眈眈。

由于要展览"大"飞机，所以柱子什么的估计没机会出场。大跨度无柱空间选用井字梁体系，同时在井字梁下加曲面吊顶，隐藏结构。四周用拱支撑井字梁，并在拱脚处向下延伸做基础（图 46）。

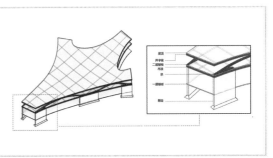

图 46

把这个结构体系应用到整个建筑（图 47）。

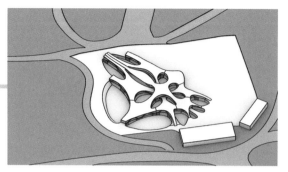

图 47

收工，打图，交作业（图 48）。

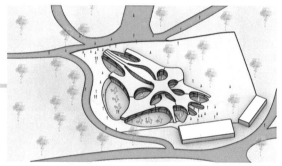

图 48

这就是小后浪阿纳斯·马赫里设计的伊斯坦布尔的新航空和科学博物馆，荣获了土耳其Archiprix 2015 最佳毕业设计项目一等奖（图49～图53）。

图 49

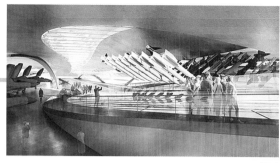

图 50

图 51

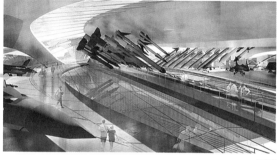

图 52

图 53

谁年轻时都憧憬过爱情，谁年轻时也都拥有过梦想，可谁年轻时没遇到过几个渣男？谁年轻时没被撕过几次图？

都说年轻最美好，但现实更多的是无奈，在最手无寸铁的年纪却拥有最想守护的梦想。或许最后的最后，梦想能否实现并不重要，重要的是即使脚戴镣铐，身负枷锁，依然愿意搅起浪花奔涌向前。

时间带不走的东西才叫热爱。

图片来源：

图 1、图 49 ~图 53 来源于 http://www.evolo.us/new-aviation-and-science-museum-in-istanbul/，其余分析图为作者自绘。

END

理工技术宅的建筑倔强

图1

名　称：布拉戈维申斯克缆车站（图1）
设计师：UNStudio
位　置：俄罗斯·布拉戈维申斯克
分　类：交通建筑
标　签：流线空间化
面　积：26 316m²

先有鸡还是先有蛋？这不是一个哲学理论问题，而是一个科学技术问题。

我国科学家拍板：先有蛋！因为贵州发现了一批 6.1 亿年前的像是蛋壳的胚胎化石。

那么，先有功能还是先有交通？这不仅是一个理论问题，还是一个技术问题。

UNStudio 拍板：先有交通！因为我什么也没发现，我就是想先有交通，爱咋咋地。

中国与俄罗斯打算在黑河边境上建一个缆车站，这是全球首个跨国境缆车站。项目位于俄罗斯布拉戈维申斯克的阿穆尔河边，对面就是中国黑河市。给了 4.9hm² 的黄金沙滩，却只要一个 2.6hm² 的建筑（图 2）。

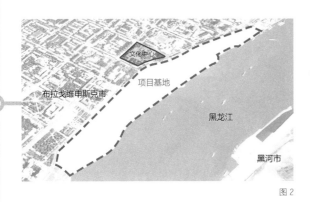

图 2

也就是说，以后俄罗斯人民只要坐上缆车，就能来我国溜一圈，没有机票、住宿，一张缆车票就能圆你出国旅游梦！

相信大家都能看明白，这是要建一个缆车站吗？不！这建的明明是中俄人民世代友好纪念碑啊！

按照建筑师们日常挖地三尺找文脉、上价值的一贯操作，没有意义也得硬凑点儿意义，设计才算有意义，现在这么大的意义新鲜出炉放在这儿，怎么也得好好发挥一下吧？但理工技术宅 UNStudio 没打算发挥，他们来参加这个竞赛并不是想做个纪念碑，他们就单纯想设计个车站。

虽然整个基地很大，但场地出入口却很明确。缆车出发站台不用说了，肯定在河边，入口也只能在交通最便利的邻近布拉戈维申斯克市文化中心的三岔路口上（图 3）。

图 3

有了出入口也就确定了基地内的项目建设范围（图4）。

图4

所以你说就建这么小的一个缆车站，为什么给了这么大的一块地呢？

全世界甲方的心思都差不多。缆车站当然不用这么大的地，但一个见证中俄友好的缆车站就不一样了。地标可以搞吧，公园可以搞吧，展览可以搞吧，广场也可以搞吧，再加点儿休闲娱乐、商业、餐饮至少也是个3A景区吧。

但理工宅的特长就是把复杂的世界拯救成简单的世界，上面这堆花里胡哨的功能说白了就是三种流线：缆车流线（出发到达必须有的）、商业流线（需要用户花钱的都是商业）、景观流线（不需要用户花钱的都是景观）（图5）。

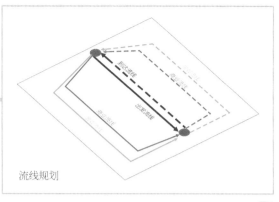

流线规划

图5

但是问题来了：商业和景观流线形成对称回路本是常规操作，天经地义，可现在中间夹了个缆车，那么，这种对称回路流线还是最优解吗？

理工宅UNStudio很认真地论证了一番后，得出结论：不是。对称回路虽然可以得到更长的购物流线，但会降低购买率。爱逛街的女孩都知道，别说逛一半去坐个缆车了，就是逛一半去看个电影都能逼死强迫症——如果还不能原路返回的话就更想原地爆炸。你说我看到喜欢的东西买还是不买？买吧，就要拎着大包小包上缆车，好麻烦；不买吧，下了车就要走别的路了，那就没机会买了，更不能忍。

想想就明白的事儿还用论证？看来理工宅真的不常去逛街。但结果是一样的，就是果断将对称回路砍掉一半，变成单侧回路流线，也就是将商业设施集中设置（图6）。

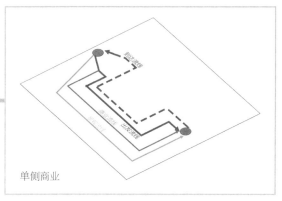

单侧商业

图 6

并拉长缆车候车流线与商业流线结合（图 7）。

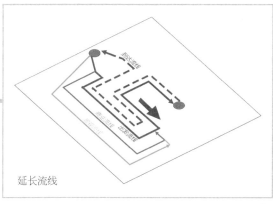

延长流线

图 7

但这么多流线互相交错，工作效率将会受到影响，因此对三条流线进行了立体化分流（图 8～图 10）。

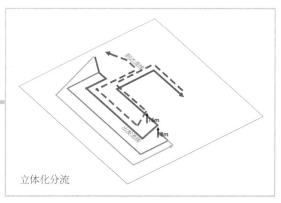

立体化分流

图 8

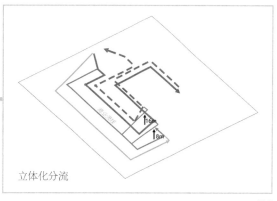

立体化分流

图 9

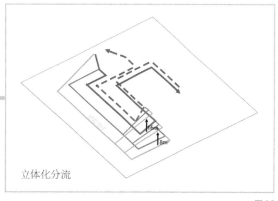

立体化分流

图 10

至此，流线梳理基本完成。下面就是将流线变成可使用的空间。

第一步：将所有流线变成平台（图 11）

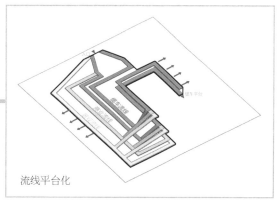

流线平台化

图 11

第二步：将有室内要求的缆车和商业平台变成
管道，形成三维空间（图12、图13）。

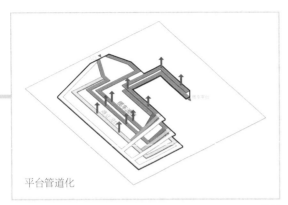

平台管道化

图 12

平台管道化

图 13

显然这样细长的室内空间是不好用的，所以还
要对管道尺度进行调整。

第三步：对缆车流线管道进行调整，按功能要
求拓宽成候车空间（图14、图15）。

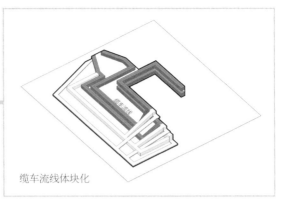

缆车流线体块化

图 14

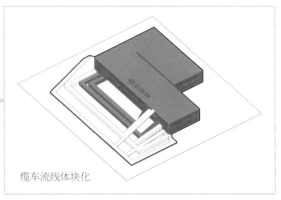

缆车流线体块化

图 15

第四步：将商业流线管道拓宽成商业卖场空间（图
16、图17）。

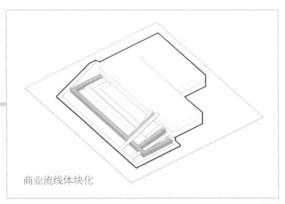

商业流线体块化

图 16

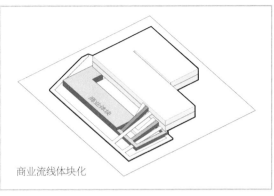

商业流线体块化

图 17

第五步：将立体化后产生的缝隙空间设置成中庭，缆车站台下的空间可作为管理辅助空间（图18）。

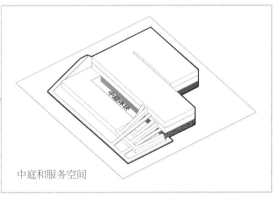

中庭和服务空间

图 18

第六步：把餐饮体块放置在缆车站顶层，使其四面通透，景观视野好，同时将连通的商业管道和景观平台上移（图19～图21）。

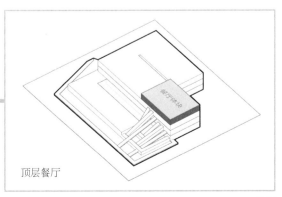

顶层餐厅

图 19

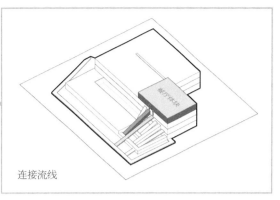

连接流线

图 20

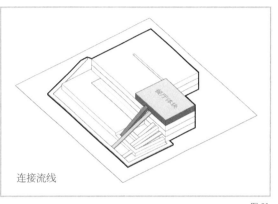

连接流线

图 21

第七步：最后在流线管道交接处和缆车平台前插入交通核（图22、图23）。

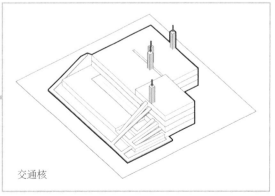

交通核

图 22

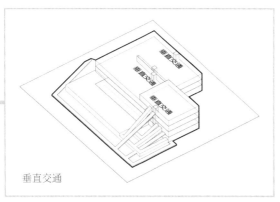

垂直交通

图 23

至此，以缆车流线和商业流线为主题的室内空间就组织好了。缆车出发和到达的两条流线在底层商业空间处会合成为一体（图 24、图 25）。

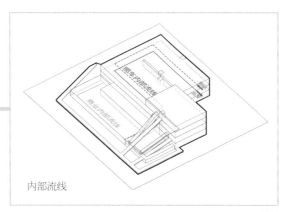

内部流线

图 24

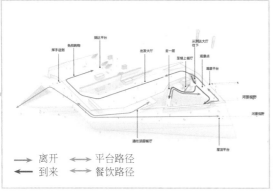

→ 离开　⟷ 平台路径
← 到来　⟷ 餐饮路径

图 25

下面开始整理外部景观流线。

游客顺着景观流线来到建筑侧面观景，这时候登高远眺的愿望就油然而生，因此将中庭升起，使其与底层商业形成阶梯式平台（图 26、图 27）。

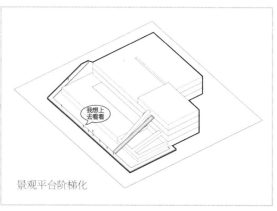

景观平台阶梯化

图 26

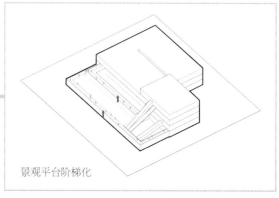

景观平台阶梯化

图 27

最好的观景面自然是临河处，游客自然会在观景流线尽头驻足。因此将平台尽头观景面扩大，同时将管道包住，形成楔形的阶梯式观景平台（图 28、图 29）。

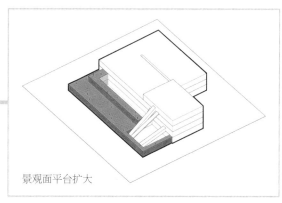

景观面平台扩大

图 28

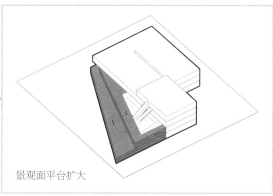

景观面平台扩大

图 29

为了景观平台的视野最大化，将直达餐厅的坡道旋转至与景观流线平行，使其不遮挡观景视野（图 30、图 31）。

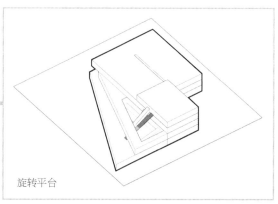

旋转平台

图 30

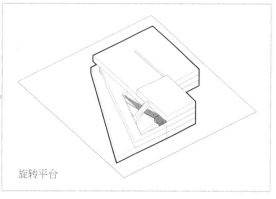

旋转平台

图 31

最后将在中庭里的内部管道也整理成楼梯，贯通内外的景观流线也就完成了（图 32 ~ 图 34）。

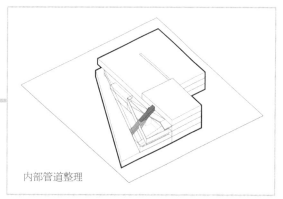

内部管道整理

图 32

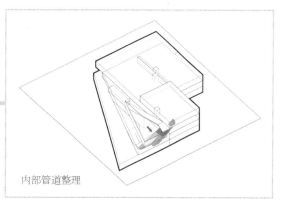

内部管道整理

图 33

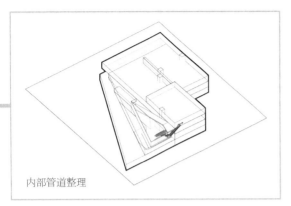

内部管道整理

图 34

到了这一步，一般的理工宅建筑师大概也就收工回家追剧了。但 UNStudio 明显是一个更有艺术追求的理工宅，他们对最后的造型还有神来一笔：将屋顶旋转后再与下面相连（图 35、图 36）。

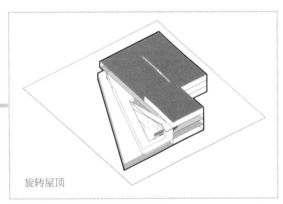

旋转屋顶

图 35

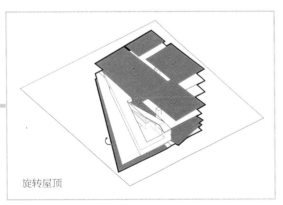

旋转屋顶

图 36

这样一来就同时在各层平面和立面上形成了各种三角形平台和立面（图 37 ~ 图 40）。

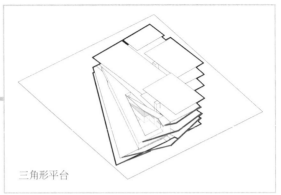

三角形平台

图 37

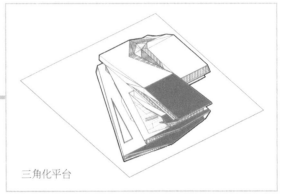

三角化平台

图 38

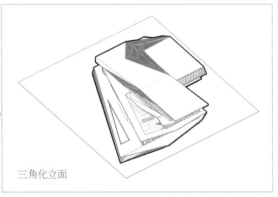

三角化立面

图 39

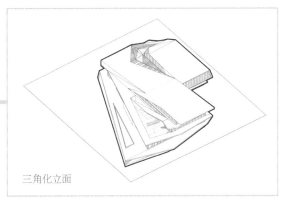

三角化立面

图 40

最后在周边进行基地的场地景观设计，延续建筑动势，整个方案才算完成（图 41）。

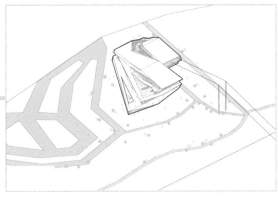

图 41

这就是 UNStudio 设计的布拉戈维申斯克缆车站（图 42、图 43）。

图 42

图 43

郭德纲说，相声如果不搞笑那就太搞笑了。UNStudio 擅长做交通，就把交通做到极致，也没有因此为交通赋予什么意义和情怀。

做最优解的交通，而不是最有意义的交通。意义也好，情怀也罢，不一定添得了锦上花，却一定送不了雪中炭。建筑最大的意义就是——作为建筑本身的意义。

一条路走到黑不算黑，把所有路都走到黑才能"开黑"。

图片来源：

图 1、图 25、图 42、图 43 来源于 https://www.unstudio.com/en/page/12353/blagoveshchensk-cable-car-terminal，其余分析图为作者自绘。

END

高级摸鱼技巧之交通、立面一键生成法

图1

名　称：Anis办公大楼（图1）
设计师：DREAM 事务所，Nicolas Laisné Architectes 事务所
位　置：法国·尼斯
分　类：办公楼
标　签：楼梯，立面设计
面　积：6962m²

图2

名　称：51*55综合大楼改造（图2）
设计师：Brandlhuber+ 事务所
位　置：德国·柏林
分　类：综合大楼
标　签：楼梯，改造
面　积：约4600m²

地球上善变的物种，除了变色龙还有老板。

加班时，老板说让你把公司当家。你真把公司当了家，二郎腿还没翘到桌子上，老板就让你滚回家。所以，当老板和你说996①是福报时，我们默默点头，无以为报，只能偷偷摸鱼回馈公司，也算是礼尚往来。

特别像"建筑狗"这种上辈子做了多少好事才修来的007②，不摸会儿鱼怎么能证明自己还是条活着的咸鱼呢？正所谓：摸鱼一时爽，一直摸鱼一直爽。但是，虽然"工作5分钟，摸鱼两小时"可以让时间过得快一点儿，却不能让图画得快一点儿。更可怕的是，它会让交图之日来得更快一点儿。

作为一个优秀的摸鱼建筑师，高级技巧绝不止按Win键+D键这么简单，而是真正能加快设计进程的必杀技——交通、立面、空间、平台组团打包一键生成法。

有一栋普通的办公楼，因为选址在法国尼斯被称为尼斯子午线的可持续发展区上，所以，它必须是个绿色建筑。场地形状规整，面向城市道路，看起来很容易（图3）。

---

①指工作日早9点上班，晚9点下班，中午和傍晚休息1小时（或不到1小时），工作时间总计10小时以上，并且一周工作6天的工作制度。

②指每天工作24个小时，每周工作7天。

图3

真的有这么简单吗？对，就是这么简单。不简单还怎么摸鱼？并且甲方竟然说可以采用开放办公模式，那就是连平面都不用排啦。

底层是商业空间，2到8层是办公空间（图4、图5）。

271

基地形状

图4

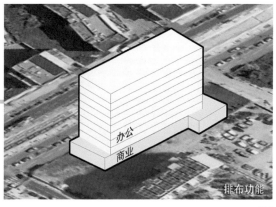

排布功能

图5

再置入两个正常又普通的交通核，就可以收工回家继续玩手机了（图6）。

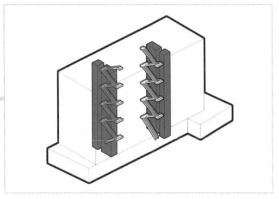

图6

哦，对，还有立面没设计。但这种办公楼的立面有什么好设计的呢？罩个玻璃幕就可以了呀。非得要个绿色建筑，那就开个条形窗，不行再刷点绿色涂料、种点树，够不够绿色（图7）？

图7

好吧好吧，为了显示工作量，再做一个简单的构成图案当立面好了，这已经能打败66.37%的办公楼了（图8、图9）。

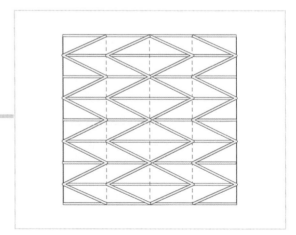

图8

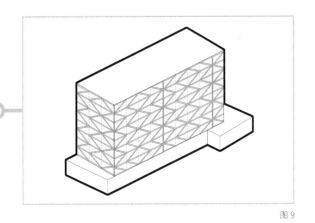

图9

至此，这个办公楼算是设计完了。

你摸鱼成功，估计也离被炒鱿鱼不远了。摸鱼的最高境界是摸到锦鲤，摸鱼中标两不误。毕竟，只要KPI（关键绩效指标）不掉，你管我摸鱼还是划水。

本方案的锦鲤就是——楼梯。

楼梯是建筑要素里坚定的实用主义者，就因为功能性太强了，导致大多数建筑师都忽略了楼梯其实符合几乎所有的形式美法则（图10）。

节奏韵律	对称均衡

变化统一

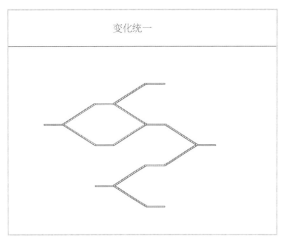

图10

这就像老师和家长想当然地认为学习成绩优异就不能打扮美丽一样不可理喻，明明美女学霸才是人生赢家啊。

所以，今天这个"交通、立面、空间、平台组团打包一键生成法"还有另一个文艺的名字——楼梯，你本来就很美。

交通立面生成法第一步：公共楼梯外置为外挂楼梯

既然甲方想要开放办公，那就彻底开放，把交通核移到南北两侧，进一步打开内部空间（图11、图12）。

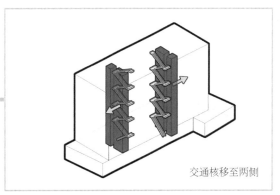

交通核移至两侧

图11

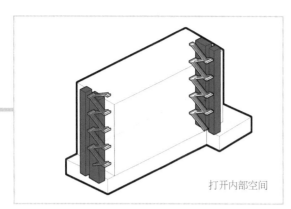

打开内部空间

图 12

场地南北两侧有城市绿地，所以在首层之上增设观景平台。场地内西侧为景观绿化，设置两部楼梯以加强绿地和观景平台的联系（图13）。

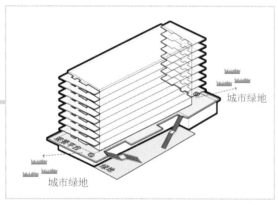

城市绿地
城市绿地

图 13

疏散楼梯改为外挂楼梯，与城市绿地呼应（图14）。

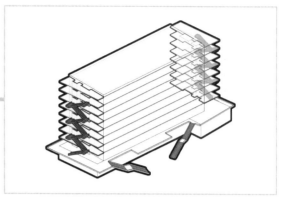

图 14

交通立面生成法第二步：设置网格体系

此时外挂楼梯还只是具有解决交通和联系景观的实际作用，形式美还没有产生。为什么没有产生？因为楼梯不够多。

想美就不能怕折腾。直接用外挂楼梯对标立面意向图，缺多少加多少，让它们成为一组构成（图15）。

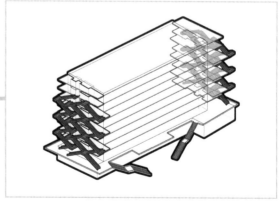

图 15

这样就可以发挥楼梯斜向构成的优势，形成立面元素（图16）。

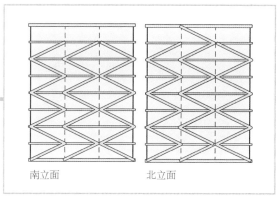

南立面　　　　　　北立面

图16

交通立面生成法第三步：丰富流线

直上直下的外挂楼梯流线太过单一，构成再好
看也不能成为爬楼梯的理由，所以稍作调整，
丰富楼梯的流线，与周围景观绿地联系呼应，
增加趣味性（图17）。

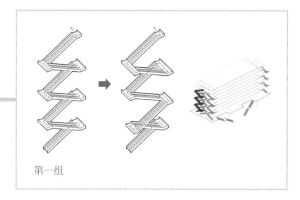

第一组

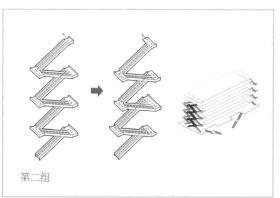

第二组

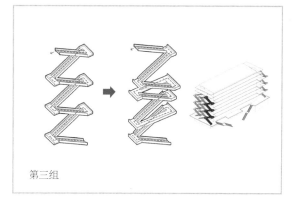

第三组

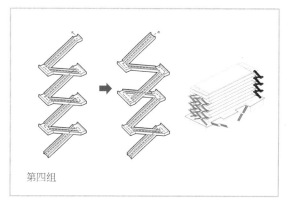

第四组

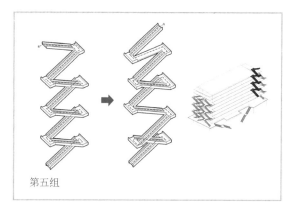

第五组

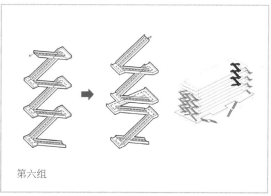

第六组

图17

得到的建筑长成图 18 这样。

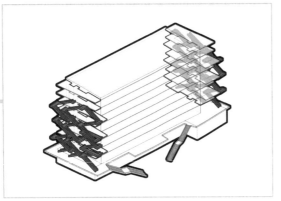

图18

交通立面生成法第四步：增加联系

用平台将各个外挂楼梯联系起来，增加可达性
（图 19）。

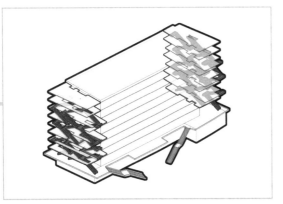

图19

交通立面生成法第五步：删减不必要的梯段

毕竟我们需要的是一个好看、好用的立面，不
是许多部外挂楼梯。当楼梯网格形成，各部楼
梯之间互相连通后，我们就获得了删减梯段的
自由，比如，顶层人流较少，就可以删掉一部
分楼梯（图 20、图 21）。

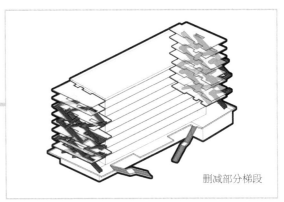

删减部分梯段

图20

删减部分梯段

图21

再调节个别楼梯位置和平台大小以适应场地（图
22）。

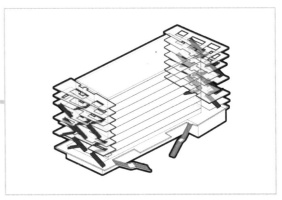

图22

交通立面生成法第六步：完善流线

较长的东立面采用增加梯段的做法进一步完善流
线，使之与南北两面互通（图23）。

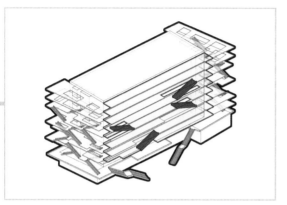

图23

在平台上开洞以限定平台空间，同时与南北两侧
平台统一风格（图24）。

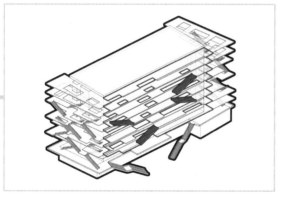

图24

在建筑不临街的背立面上，保留平台的延续，并
做局部的平台凹凸，与其他立面保持统一（图
25）。

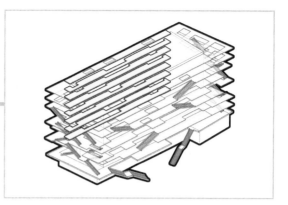

图25

最后加上结构（图26～图28）。

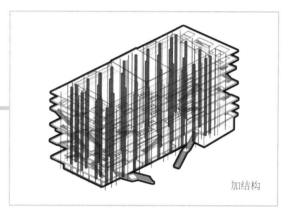

加结构

图26

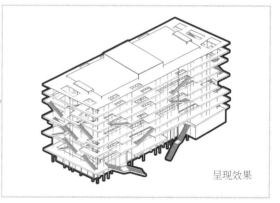

呈现效果

图27

277

图 28

至此，就是交通、立面、空间、平台组团打包一键生成法的全部操作了。这样形成的多功能外立面体系还具备遮阳和调节微气候的功能（图 29）。

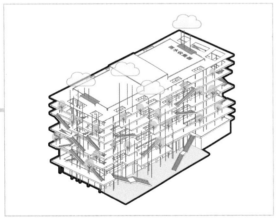

图 29

内部由于平面开敞，所以可以在最大限度上实现通风（图 30）。

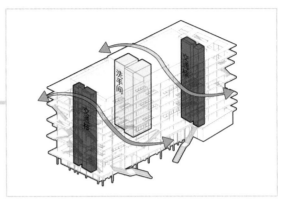

图 30

当然，这个楼梯立面也是个上班摸鱼的好去处，官方说法是承担了内部办公功能外化的社交空间（图 31、图 32）。

图 31

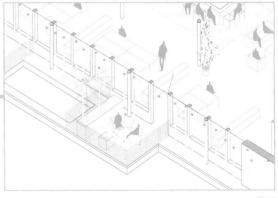

图 32

这就是 DREAM 事务所和 Nicolas Laisné Architectes 事务所设计的 Anis 办公大楼，一个楼梯开外挂的建筑（图 33 ~ 图 37）。

图 33

图 34

图 35

图 36

图 37

在建筑师 Brandlhuber 的一个加建项目中有这个摸鱼生成法的另一种用法。果然，摸鱼是全世界人民的优良传统，是全人类的共同事业。

原建筑是德国柏林一个 20 世纪 70 年代初建造的板楼，位于兰德威尔运河河畔，两侧都是古典欧式建筑（图 38）。

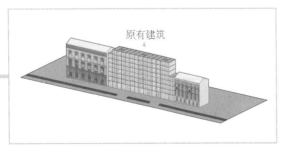

原有建筑

图 38

这个楼在当时也算很时髦了，走的是密斯的"皮包骨"路线。但受当时结构技术的限制，立面自带网格体系（图 39）。

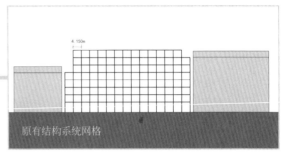

4.150m

原有结构系统网格

图 39

不仅建筑风格与周边建筑不在一个时代，连建筑进深也与周边建筑不在一条线上，差了 3m（图 40）。

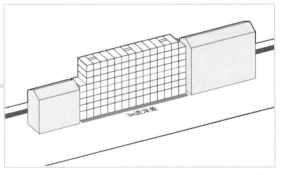

3m进深差

图 40

正是因为差了这 3m，所以甲方强迫症发作，想找建筑师搞点儿加建补上这 3m（图 41）。

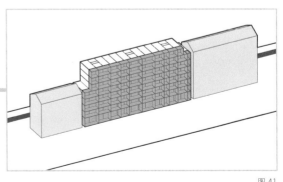

图 41

这种连建筑面积都不见得能算出来的项目明摆着是给甲方送温暖，因此建筑师同样选用了高级摸鱼技巧——交通立面一键生成法。

置入外挂楼梯，形成构成肌理，并将楼后的花园引入建筑高层（图42）。

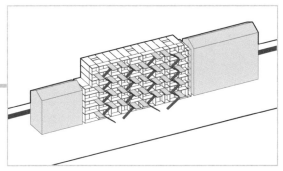

图42

然后合并休息平台，让楼梯相互连接（图43）。

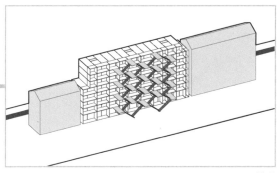

图43

至此，一个多功能交通立面又出现了。所以，下一步是不是又该增减梯段了呢？当然不是。

画重点：我们要牢牢记住，此时的楼梯不仅是交通，更是立面，立面设计上的形式美操作都可以对楼梯使用，如渐变。

建筑师横向拉长楼梯，增加部分梯段跨度，使得楼梯梯段变长，呈现出渐变的韵律感（图44）。

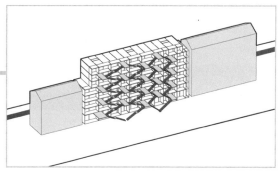

图44

顶层人流减少，删减部分梯段，并强化底层楼梯入口（图45）。

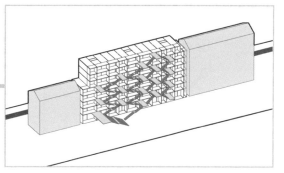

图45

收工回家，接着追剧（图46、图47）。

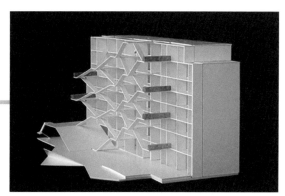

图46

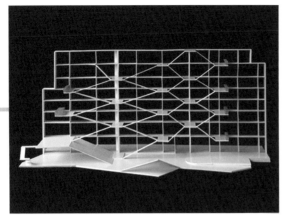

图 47

作为一种高级摸鱼技巧，能够反复使用才是王道。本交通立面一键生成法还有很多发挥的余地，比如，最简单的菱形构成手拉手式（图48）。

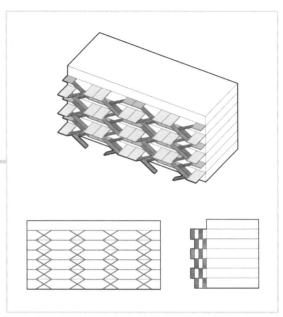

图 49

或者通过改变梯段的转向，形成绿化梯田平台式（图50）。

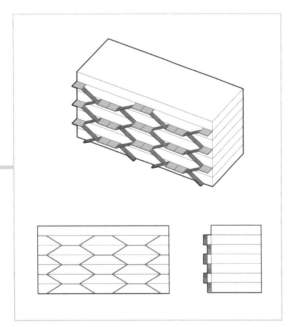

图 48

再复杂点儿可以做成剪刀楼梯肩并肩式（图49）。

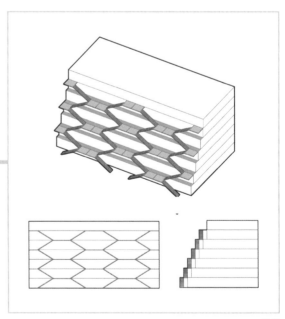

图 50

对建筑师这类夜行动物来说，黑夜给我们的黑色的眼睛，就是用来熬黑眼圈的。熬夜画图是熬，熬夜刷微博也是熬。怕什么996、007，管什么下班不下班的，只要有手机，全世界都是我的公司。

图片来源：

图 1、图 32 ~ 图 37 来源于 https://www.gooood.cn/anis-office-building-by-dream-nicolas-laisne-architectes.html，图 2 来源于 https://www.brandlhuber.com/0136-5155，图 46、图 47 来源于 El Croquis，其余分析图为作者自绘。

END

AI 负责工作，人类负责享受工作

图1

名　称：谷歌新总部（图1）
设计师：BIG 建筑事务所，Thomas Heatherwick 事务所
位　置：美国·森尼韦尔
分　类：办公建筑
标　签：自由平面
面　积：约 102 200m²

有句话叫：人类一思考，上帝就发笑。但随着人类社会不断发展壮大，我们惊喜地发现，现在人类思考，不只上帝会发笑，AI（人工智能）也在笑。上帝觉得人类幼稚得像个孩子，而 AI 觉得人类还是个傻孩子。

比如，踢足球机器人碰触到球有奖励，所以它在抢到球之后开始高速振动，从而在短时间内尽可能多次碰触到球（Ng et al, 1999）；一只机械手被要求把木块挪到桌子上的指定地点，它的解法是挪桌子（Chopra, 2018）；为了鼓励机器人造高塔，衡量标准是乐高积木底面的 z 坐标，于是机器人学会了把底面翻过来（Popov et al, 2017）；发现让游戏崩溃就可以让自己不被灭掉，所以好几个程序在运行中各自找到了让游戏出漏洞崩溃的办法（Salge et al, 2008）；等等。反正各种操作层出不穷。

某科技大佬说，AI 比你更聪明，但你可以比 AI 更善良。大佬可能还是在金字塔顶端待久了，不知人间疾苦。"善良"这事儿从来都不是人类的绝对加分项，但我们真的可以比 AI 更爱吃喝、更爱玩乐、更爱享受。

谷歌明显也是这么想的。在上个时代里，更努力、更聪明、更勤奋、更抗造——或者说更像机器人的人才是老板的宠儿、公司的支柱。就像我们习惯的办公室格子间模式，每个人都在机械地重复着整个工作链中的某一环节，谁更高效谁胜出（图 2）。

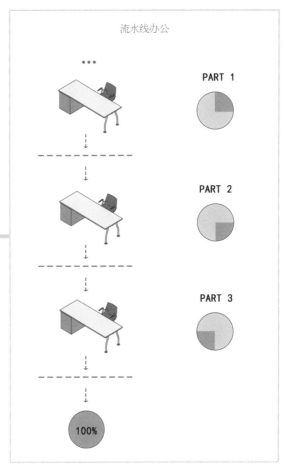

图 2

但现在有了 AI，至少在谷歌这里，AI 不是奇闻异事，就是个"事儿"。那么问题来了：活儿都让 AI 干了，人干什么？前面已经说了，人可以吃喝玩乐啊，或者帮助别人更好地吃喝玩乐，也就是谷歌自己提倡的工作享乐主义（图 3）。

图 3

说白了，现在不是谁的苹果多，谁就能赚钱，而是只有伊甸园里那颗叫"欲望"的苹果才是"独角兽"（图4）。

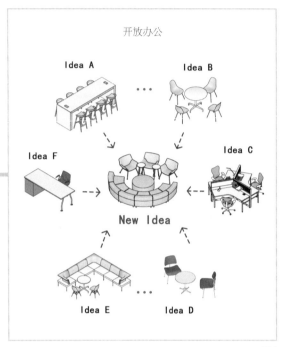

开放办公

Idea A　Idea B

Idea F

Idea C

New Idea

Idea E　Idea D

图 4

谷歌总部 1.0 已靠"享乐主义"成为硅谷标杆，现在他们打算"变本加厉"，拿到了原谷歌总部东面的一块地，继续搞工作"享乐主义 2.0"，彻底腐蚀掉辛勤小蜜蜂们的纯洁心灵（图5）。

谷歌总部1.0　　基地

图 5

不但变本加厉，还加人。建筑师找了搞事情技能满点的 BIG 建筑事务所还不够，又叫了牵着全纽约人一起爬楼梯玩的 Thomas Heatherwick 事务所来组局。调皮大王加捣蛋大王是个什么组合？硅谷传奇吗？硅谷传奇 B 和 T 倒是很快达成了共识：吃喝玩乐哪里最好？当然是广阔天地，大有作为啊。于是，整个建筑被确定为聚落模式，这个模式下有科技，有社交，还有自然，简直是人类社会的集中缩影（图6）。还顺便想了个口号：永续的建筑设计，永续的享乐主义。

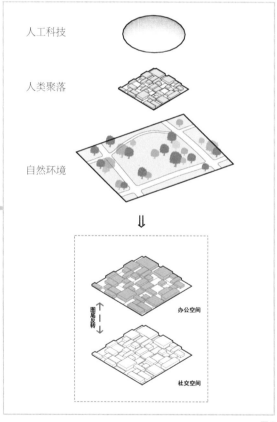

人工科技

人类聚落

自然环境

⇓

图层反转

办公空间

社交空间

图 6

比享乐更享乐的就是永远享乐。面子工程搞完了，还得解决资本家的真正需求：享乐办公也是办公，到底要怎么办公？

B和T在这次2.0版本中继续沿袭了谷歌摒弃格子间的做法，要为不同规模的工作小组提供一个既可以分隔开来，又可以促进通力协作的工作空间（图7）。

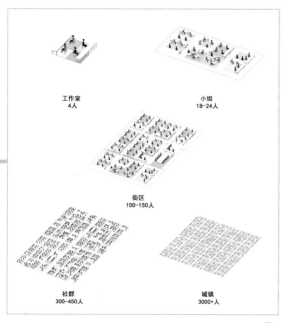

图7

要怎样容纳和分割总数约3000人的办公空间呢？在经过详细的考量之后，他们将150人的工作空间当成一个小社团，并希望能够把一些餐厅茶水间和办公空间变成相互连通的平台。在这个150人的工作台上，可以按照任何规模来排布办公空间（图8）。

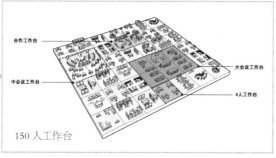

150人工作台

图8

工作空间形态也可以随着不同的工作模式自由变化（图9）。

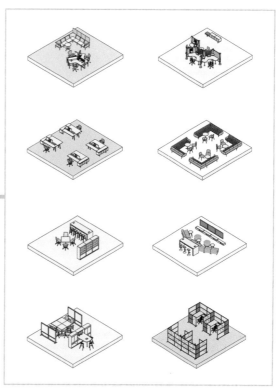

图9

当然，把3000人分割成150人的工作空间也不过是20个小空间的组合，平铺在财大气粗的谷歌的场地上显得绰绰有余（图10）。

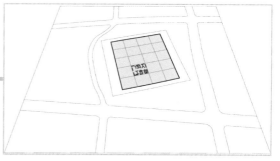

图10

但别忘了工作是本体，玩乐才是灵魂啊。

于是 B 和 T 将 20 个小团体进行了"拉伸"，不是简单的面积扩大，而是通过中庭设计连接每个工作区，并将这个被办公空间限定的小中庭作为社交和游戏的灵魂空间（图 11 ~ 图 14）。

图 11

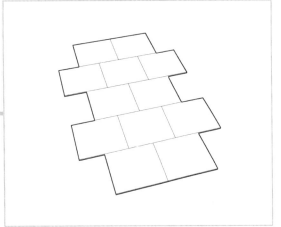

图 12

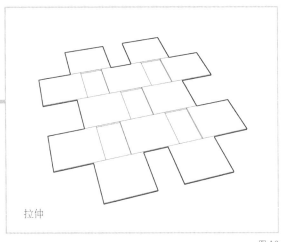

拉伸

图 13

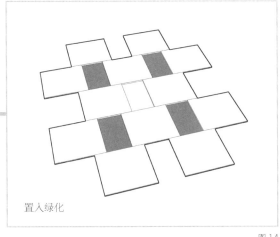

置入绿化

图 14

有了玩乐中庭后，各个工作区域的联系就只有角部的微弱搭接。倒不是大家多爱工作，主要是这样不方便，毕竟，人类区别于 AI 的一点就是懂得通力合作。

于是 BIG 拿出了自己的独门玩具——空间叠叠乐。它的灵感来源于乐高，之前在乐高之家的设计中也用过。同一标高上的两个平台通过垂直空间上第三个平台的搭接产生联系，空间关系既亲密又疏离（图 15、图 16）。

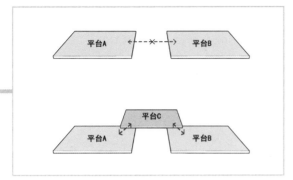

图 15

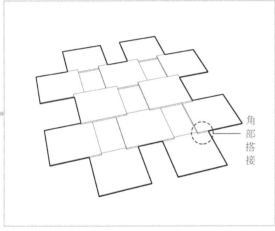

角部搭接

图 16

总体来说，这就是一个可以运用在不同规模空间中的通用套路。谷歌这个算是巨大规模了。受穹顶的形态影响，中央位置的工作平台可获得更高的层高，因此被赋予最高的标高，并且标高随着平台向四周扩散而递减（图 17）。

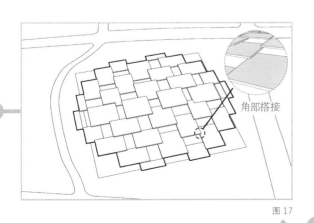

角部搭接

图 17

站在中央俯视四周，视野真的不能更开阔了，非常方便老板监工（我没有，不是我说的）（图18）。

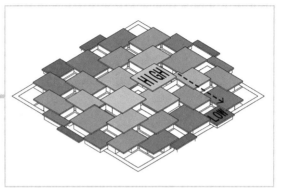

图 18

调整一下受层高限制而削减的部分平台（图19）。

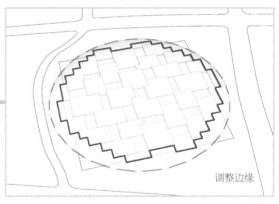

调整边缘

图 19

因为增加了特别特别多的玩乐中庭，导致一层已经不能满足功能面积需要了，于是向下面复制一层。当然，复制的只是平面规则而非立体规则。因为谷歌老板说了，要有一条自行车道（图 20、图 21）。

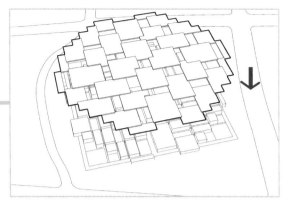

图 20

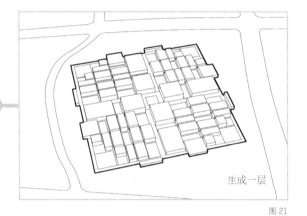

生成一层

图 21

办公平台之间的缝隙落至一层成为中庭（图
22），再置入不同功能。

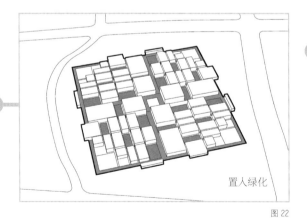

置入绿化

图 22

为了体现谷歌企业的开放性，一层保留公共通
道，并在通道两侧设零售商铺，向周围社区开
放（图 23）。

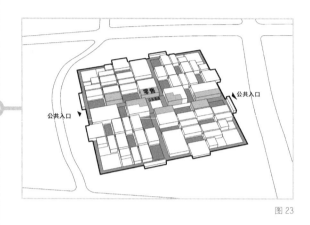

图 23

其他功能按照下面热闹（社交空间）、上面安
静（工作空间）的原则布置。工作区域内每个
团队都可以根据自己的个性和需求灵活划分空
间——也就是可以抢地盘，谁抢着算谁的（图
24、图 25）。

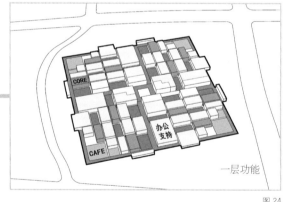

一层功能

图 24

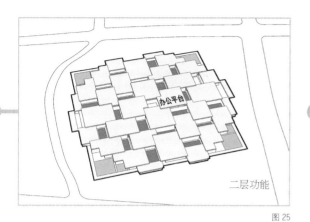

二层功能

图 25

停车场和水暖电等都塞到地下（图 26）。

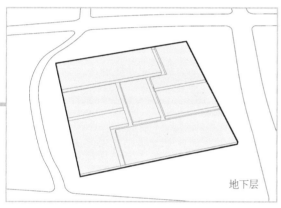

地下层

图 26

最后解决交通问题。除交通核外，在办公平台搭接的角部设置坡道，并在庭院处增加公共楼梯来辅助交通（图 27、图 28）。

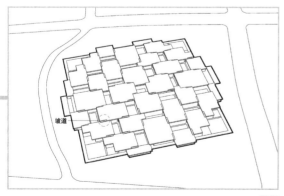

坡道

图 27

置入交通核

图 28

再加上我们寓意科技天空的穹顶（图 29 ~ 图 32）。

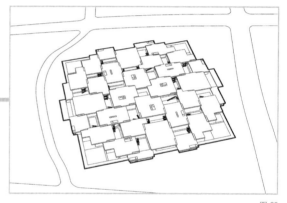

图 29

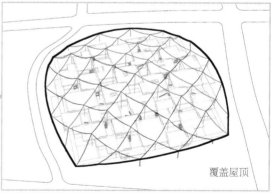

覆盖屋顶

图 30

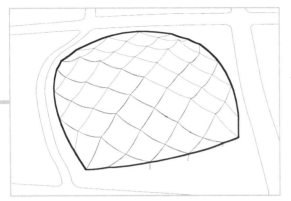

图 31

图 32

我们在官方公布的几版设计中可以看出，最初的穹顶被定义为一个高科技控光的玻璃罩子（图33）。

图 33

经过几次演变，最终成了一个通过波浪缝隙采光的改造穹顶（图 34）。

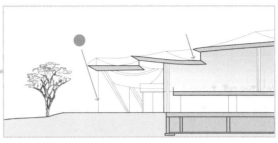

图 34

和传统的办公楼比起来，新穹顶和新模式在生态环境上也更胜一筹，基本上可以让在建筑里的所有人享受到自然采光和自然通风，而不是像传统办公楼，只有靠窗的位置才是风水宝地（图 35）。

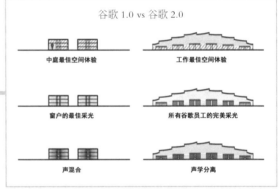

图 35

在 B 和 T 的设想里，这次设计不是试图丰富谷歌员工的想象力，而是尝试以一种人类与 AI 共存、兼容的模式，建造一个新的工作平台。

即使不知道未来是什么样，但可以肯定的是，人类正在逐渐摆脱工业时代下作为一颗螺丝钉的流水线工作模式。AI 更会工作，而我们比 AI 更会享受工作（图 36）。

图 36

这就是 BIG 建筑事务所和 Thomas Heatherwick 事务所联合设计的谷歌新园区（图 37 ～图 41 ）。

图 37

图 38

图 39

图 40

图 41

建筑史里有个说法叫"建筑的滞后性"，大概意思是说，相较于其他艺术形式，建筑本身对社会潮流或者社会变革的反应及表现会慢一些。当然，这和建筑艺术需要更长的实现时间也有关系。但"建筑的滞后性"不代表建筑师的滞后性，现在也早就不是非得等建筑建成才有话语权的年代了——在这场有如狼人杀的竞争中，就算抽不到预言家，我们至少也要保持警惕，不能第一个出局。

图片来源：

图 1、图 37、图 38、图 40 来源于 http://www.heatherwick.com/projects/buildings/google-mountainview/，图 33 来源于 https://www.dezeen.com/2019/08/27/google-hq-big-heatherwick-the-111th/，图 36 来源于 https://www.youtube.com/watch?v=DrY2GA5PjtE，图 36、图 37 来源于 https://www.youtube.com/watch?v=DrY2GA5PjtE，图 35 来源于 https://zhuanlan.zhihu.com/p/33949983，其余分析图为作者自绘。

END

剖面泡的面，好吃吗

图1

名　称：韩国国家世界文学博物馆（图1）
设计师：SAMOO 建筑事务所
位　置：韩国·仁川
分　类：博物馆
标　签：地景，墙体
面　积：40 000m²

在吃饭界，如果中国人是朝三暮四的"花心大萝卜"，韩国人就是深情款款的专一欧巴①。韩国人民的真爱之一就是泡面，以及各种泡菜。韩剧里更是一言不合就煮面，左手拿锅盖，右手抓筷子，用锅盖吃面是标准操作。动作要快，姿势要帅，盖个博物馆也要挑那个长得最像面条的（图2）。

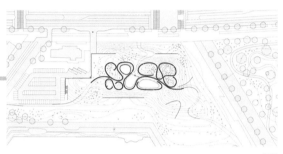

图2

2015年，韩国仁川举办了一个"韩国国家世界文学博物馆"国际竞赛。反正就是个文学博物馆，和普通博物馆也都差不多吧。项目地点就选在仁川松岛国际都市的松岛中央公园内。

松岛新城其实是在仁川港填海而造的一个自由经济区，面积约 6 000 000m²，大概和曼哈顿市区差不多大，所以就仿造纽约中央公园也建了一个中央公园，也就是建筑基地所在的那个中央公园（图3）。

图3

既然是在公园里搞建筑，那就不能随意踩踏草坪，破坏花花草草，估计大多数建筑师的第一反应都是做个地景，省时省力（图4）。

图4

地景是没错，可做地景就只能在地形起伏上做文章吗？当然不是，还有一种地景叫作大地艺术（图5）。

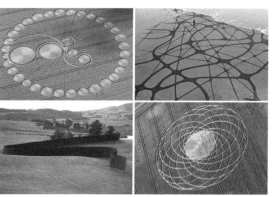

图5

①音译词，来自韩语，指哥哥。是女性对略年长的男性的称呼。

295

做这玩意儿肯定比捣鼓等高线、堆山挖坑有格调多了，可问题是人家堆山挖坑是有空间的，你搞出来的这个"大地艺术"和建筑空间又有什么关系呢？如果没有关系，那干吗不去直接请个雕塑家或者画家（图6、图7）？

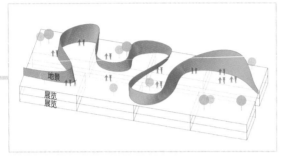

图6

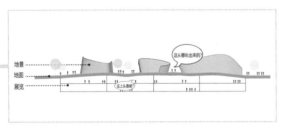

图7

敲黑板，神来之笔要来了！这次的神来之笔就是——剖面，但不是建筑的剖面，而是大地的剖面。

通常情况下，地平线就是最硬核的空间边界，地面就是最"难嚼"的面。楼上楼下最多是两个户型的问题，地上地下那可能就是两本规范的问题了。但就算是两本规范，也没规定只能是用地面分割墙面，而不能用墙面分割地面吧？

所以，这个神来之笔的思维转换操作就是用墙面切割地平线，展现大地的剖面空间（图8）。

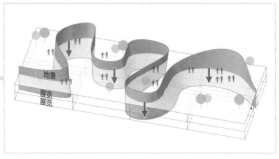

图8

墙体切割地平线，地面以上是大地艺术的画线，地面以下是展览空间的界限。更重要的是，这种方式还创造了一种新的空间，就是大地剖面的缝隙空间（图9）。

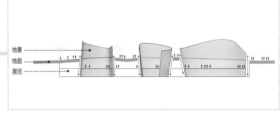

图9

缝隙常见，而同时贯穿地上地下的缝隙却不常见。这种缝隙空间在设计中成了实现地上和地下联系的关键，通过缝隙可以为展览空间引入光线，并展现出"坐井观天"的震撼视觉效果（图10、图11）。

图10

图 11

首先，我们将地景线条状的墙体向下延伸，用以组织展览空间（图 12）。

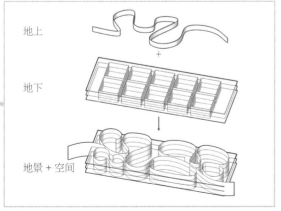

图 12

当然地景线条的结果不是唯一的，只要能保证下面的展览流线和空间是可用的，大家就可以尽情发挥了（图 13 ~ 图 15）。

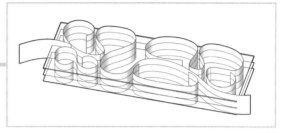

图 13

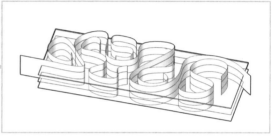

图 14

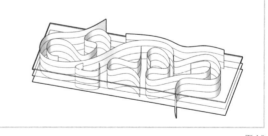

图 15

在这个方案中，建筑师主要结合基地人流来向进行大地艺术创作（图 16）。

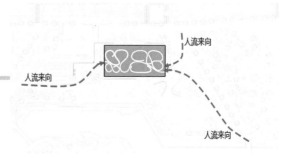

图 16

然后将艺术线墙贯穿至地下两层（图17、图18）。

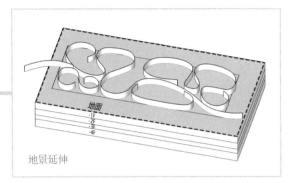

地景延伸

图17

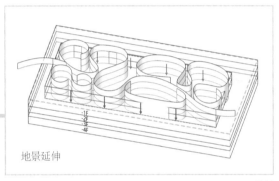

地景延伸

图18

在地下一层和地下二层，用组成地景的墙体来组织展览空间（图19）。

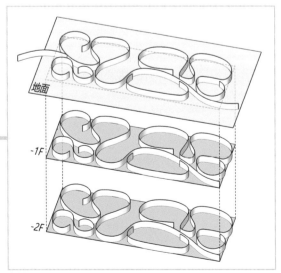

图19

艺术景观与空间使用毕竟有差别，所以要对展览空间进行再处理。在展览空间内加设分隔墙体，形成走道（图20、图21）。

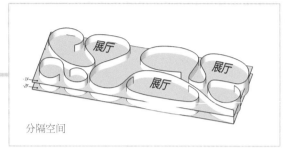

分隔空间

图20

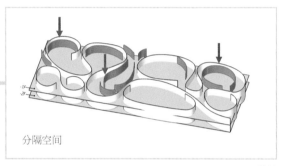

分隔空间

图21

打断部分墙体，使相邻展厅空间互相联系（图22）。

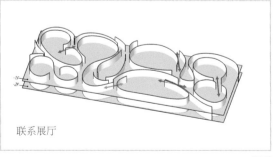

联系展厅

图22

沿着走道和展厅边缘布置楼梯和坡道（图23）。

竖向交通

图 23

将墙体扭曲，将顶部光线从墙体间的缝隙引入展览空间（图 24、图 25）。

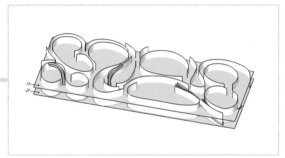

图 24

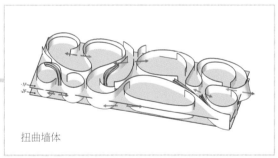

扭曲墙体

图 25

为满足不同种类的展览需求，将地下二层的弯曲墙体升起一半，形成半限定空间，并采用高低两种层高以适应大型展品的展示需求（图 26、图 27）。

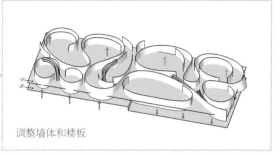

调整墙体和楼板

图 26

图 27

再在地下一层挖去部分楼板，形成通高空间，使整个展览功能形成一个整体（图 28）。

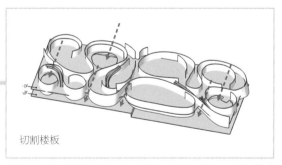

切割楼板

图 28

至此，博物馆的主要空间已经成型。然后布置其他功能空间。

博物馆所需的一个小型图书馆布置在展厅侧面，四层通高（图29、图30）。

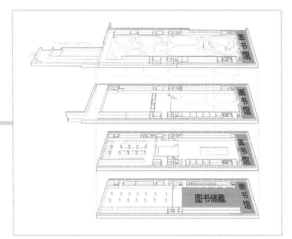

图 29

图 30

辅助空间布置在展览空间外侧，以及地下三、四层（图 31 ~ 图 33）。

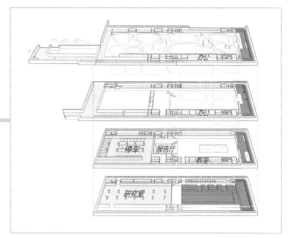

图 31

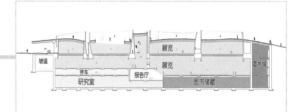

图 32

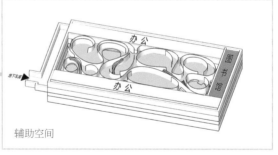

图 33

增加疏散交通核（图 34、图 35）。

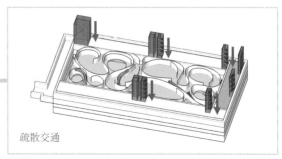

图 34

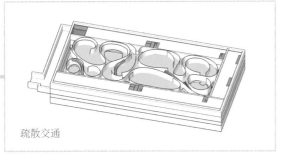

疏散交通

图 35

最后整理地形（图 36）。

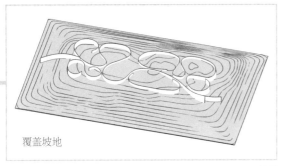

覆盖坡地

图 36

在地景墙体内设置采光水池，为地下展览空间
引入自然光线（图 37、图 38）。

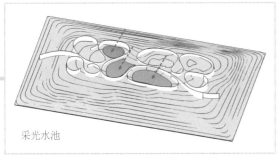

采光水池

图 37

图 38

坡地起伏，形成入口和下沉庭院（图 39 ~ 图 41）。

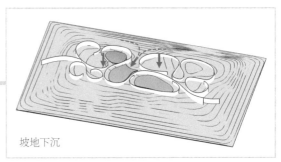

坡地下沉

图 39

图 40

图 41

调整地景墙体的形状，使其顺应坡地的起伏（图42）。

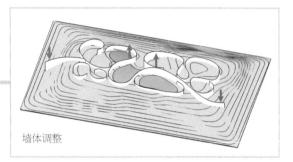

墙体调整

图 42

这就是 SAMOO 建筑事务所设计的韩国国家世界文学博物馆竞赛的获奖方案，一个用大地剖面泡的面条方案（图 43 ~ 图 47）。

图 43

图 44

图 45

图 46

图 47

当然，这个方案的官方说法叫小字条（图48）。

图 48

我觉得 SAMOO 一定没吃过我国的诗经面条。作为美食大国的子民，我们的聪明才智在食物上发挥得淋漓尽致。至于建筑什么的，好吃吗？只要好吃，我觉得我国人民分分钟就能把它做成世界第一。

有人说，人这辈子有两样东西是别人抢不走的：一是吃进肚里的食物；另一个是藏在心里的梦想。将食物揉进梦想，你就是无敌的。

图片来源：

图 1、图 10、图 11、图 27、图 30、图 38、图 40、图 41、图 43 ~图 48 来源于 https://www.archdaily.com/922319/the-national-museum-of-world-writing-tells-its-stories-through-architecture?ad_source=search&ad_medium=search_result_all，其余分析图为作者自绘。

END

从今天起，我不想和建筑死磕了

图1

名　称：哥本哈根水上中心（图1）
设计师：Cobe 建筑事务所，BIG 建筑事务所
位　置：丹麦·哥本哈根
分　类：公共建筑
标　签：水上中心，瀑布
面　积：5000m²

10 个建筑师里 9 个有自虐倾向，还有 1 个自虐成瘾。自虐最主要的临床症状就是喜欢死磕方案。具体表现为：彻夜不眠、食欲不振、脱发头冷，为了某些既不利己也不利人的灵感反复疯狂地修改方案，誓与全世界为敌。

没被死磕过的方案就像没过油的红烧肉，是没有灵魂的。而没和方案死磕过的建筑师就是那个做红烧肉不过油的厨子，不但水平有限，态度还有问题。唉，也不知道到底什么仇什么冤，非得和自己亲生的方案过不去。

其实说白了，主要是所谓灵感、理念这种东西虽然经常既不靠谱又不着调，但绝对算是稀缺资源，也是砰砰撞门好不容易撞出来的。"方案狗"都知道，有一种绝望叫想不出概念，但比绝望更绝望的是，想出了概念不会做，眼睁睁看着它成了别人炫耀的佳作。为了不让自己的概念成了别人的军功章，建筑师们才玩儿命死磕方案，就算不能做成第一名，也要保证是第一个。

不然怎么说建筑师都是死心眼呢？死磕是死磕，但干吗非得自己磕？你可以让人帮你磕啊。

丹麦 Cobe 建筑事务所就很是春风得意，因为他们投标的哥本哈根纸岛（Paper Island）城市设计打败了 OMA 及 MVRDV 两大劲敌，已经确认中标，要签合同啦（图 2）。

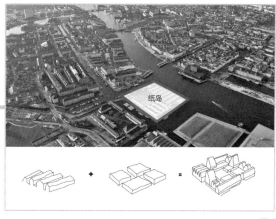

图 2

老油条们都懂，建筑师搞城市设计就是为了夹带私货，放长线钓大鱼的——毕竟美美的效果图一旦入了甲方的眼，那这片房子基本就归你承包了。

Cobe 的算盘当然也是这么打的。刚中了城市设计的标，他们就马不停蹄地盯上了这个池塘里最大的鱼——哥本哈根水上中心（图 3）。

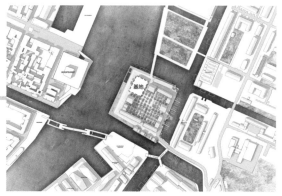

图 3

在自己做的城市设计里搞建筑，优势就是你对形态风格等都很熟悉，基本可以照搬，但问题是甲方对这套形态风格也很熟悉，熟悉多了就是无聊。

305

为了让甲方保持新鲜感，又不至于破坏整体设计，拆自己的台，那就只能在空间上多动动脑筋了。现在都流行空间贯通功能复合，Cobe 以前也经常玩这套。可现在这是水上中心，基本上所有功能行为都和水有关，所以如果把所有的水面，包括水池都贯通起来，做成一个复合大空间，那一定很酷、很炫，应该能够中标！

说干就干！ Cobe 挽起袖子就开始做方案了！

选择一：水平连续法（图 4）

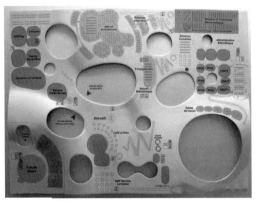

灵感来源——劳力士学习中心

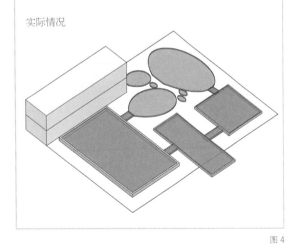

实际情况

图 4

挤不挤得下先不说，就算挤得下，难道这房子就盖一层？难不成忘了城市设计里谁给这个建筑设计的五层？

选择二：坡道流动法（图 5）

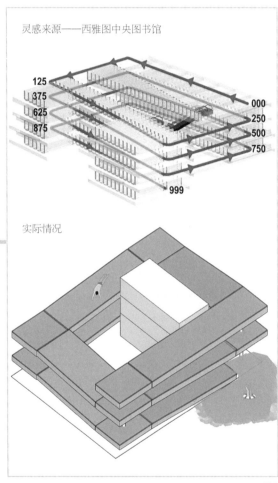

灵感来源——西雅图中央图书馆

实际情况

图 5

图书馆是简单，随便放几个书架就说流动了。但对于水，只要智商正常就知道，人家流动是真流动，只要一秒就能流动到淹了你。

选择三：连续楼梯法（图6）

灵感来源——藤本壮介"立体胡同"

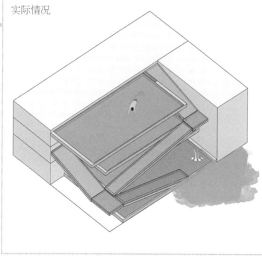

实际情况

图6

这都不用解释了，楼梯相连，水顺着楼梯流？
还不如坡道呢。Cobe 本来还纳闷，这么好的创
意竟然没人用？！现在总算明白大家为什么都
不这么干了，因为这根本不是人干的事儿。

接下来 Cobe 就有了两个选择：A.死磕方案；
B.要么换个方案。

你已经知道了，Cobe 选了 C——找别人来死磕
方案。这个别人也是熟人，就是专门擅长做脑
洞题的 BIG。

第一步：让水面连接起来

让水面连起来的前提是先把各种池子安排明
白了。

按功能要求，有标准游泳池、儿童游戏池、训
练池、康养理疗池、温水浴池、室内外浴场等(图
7)。

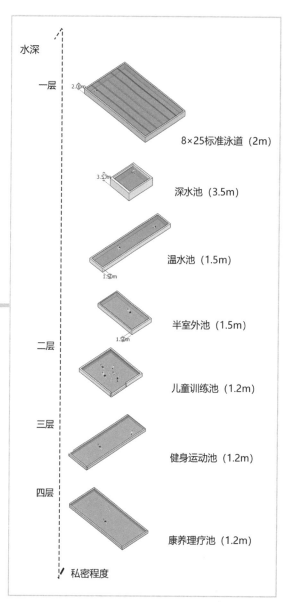

图7

大概根据使用频率和私密程度，将游泳池等公共水池放在低楼层，康养理疗池等私密水池放在高楼层（图8～图11）。

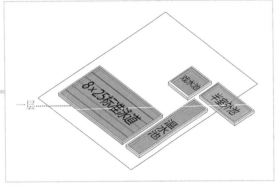

图8

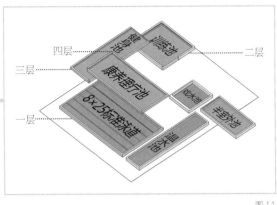

图11

再把辅助水上活动的更衣、健身、休闲聊天、桑拿按摩等配套空间设置在相应水池的周围（图12）。

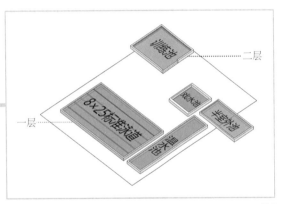

图9

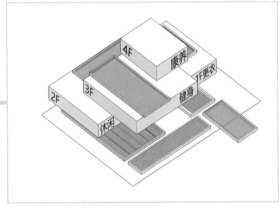

图12

下面，灵魂拷问来了：请问BIG你到底打算怎么把这些水池连成一体？

俗话说，一物降一物。有些问题对有些人压根儿就不叫事儿。BIG就觉得这不叫事儿，不就是把水池连起来吗？直接连起来不就行了吗？

等下，同一楼层的水池可以直接连，不同楼层的怎么连？ BIG同学连一秒都没犹豫：哦，那就用瀑布连起来好了。对，就是瀑布（图13、图14）！

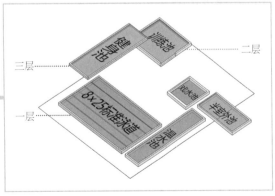

图10

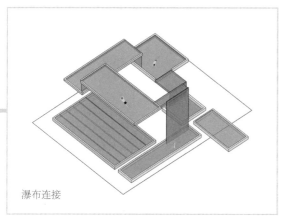

瀑布连接

图 13

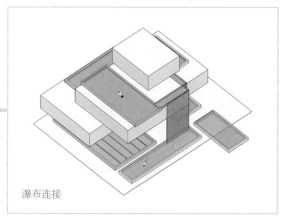

瀑布连接

图 14

水面如何连起来的问题就这么被 BIG 简单粗暴地解决了，循环动力问题啥的别问，问就是可以找别人继续死磕，反正整个建筑自然就变成了一个连续的空间。当然，如果想让使用者可以连续使用，也有两种选择。要么就是艺高人胆大型，直接从瀑布上跳下去，就当是练习高台跳水了（图 15）。

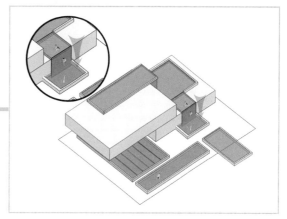

图 15

要么就是保守安全型。如果游泳水平不足以支撑高台跳水，那么也可以通过一个连贯楼梯选择慢慢走下去（图 16）。

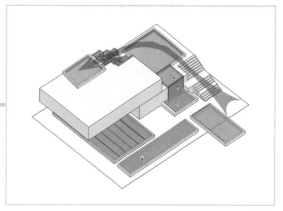

图 16

再对水池和瀑布的形态稍作调整（图 17）。

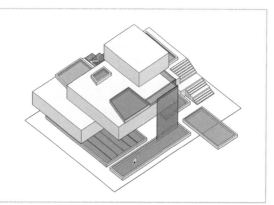

图 17

第二步：解决水面相连留下的问题

瀑布把水上活动连接了起来，但在交通组织上又产生了新问题。

水上中心除了各种花式水池，还有配套的餐饮、健身、按摩等功能。如果按照常规步骤，人在任何水上活动中的状态都是分为两部分：日常装状态和游泳衣状态。在传统的封闭游泳池内，这两个状态是通过更衣室明显分开的（图 18）。

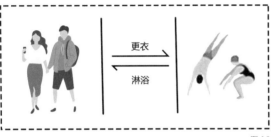

图 18

但在这个水上中心里，由于整个空间和水面都是连续贯通的，且辅助功能在各层零散分布，所以交通组织就也要考虑到两部分的人流：穿常服的和穿泳衣的（图 19）。

图 19

BIG 贯彻了他们一直以来简单粗暴的人设，通过背靠背的两个电梯和两个互相看不见的楼梯解决了干湿两部分流线，省地儿又省事儿。

简单说就是在一个楼梯上面又加一个平行的楼梯，分别组织干湿两种疏散流线（图 20 ～ 图 23）。

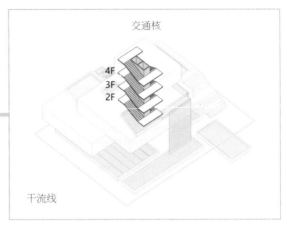

图 20

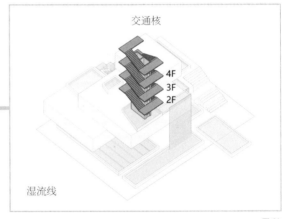

图 21

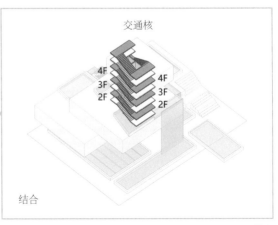

图 22

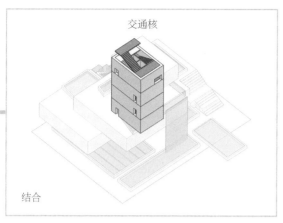

交通核

结合

图 23

两部楼梯通向不同的分区开口，保证流线不混
乱。你可以简单理解成一部拐了两个弯的剪刀
梯（图 24 ～图 27）。

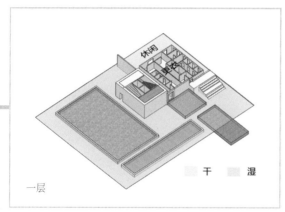

休闲

更衣

干　湿

一层

图 24

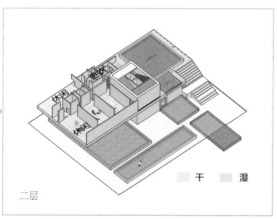

更衣

休闲

休闲

干　湿

二层

图 25

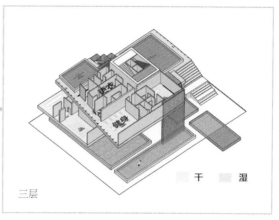

更衣

健身

干　湿

三层

图 26

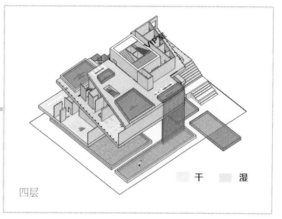

VIP室

干　湿

四层

图 27

311

第三步：为连起来的水面加表皮，融入整体城市设计

既然方案死磕成功了，那 Cobe 可以重回舞台了（图 28）。

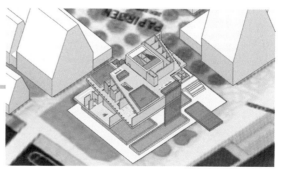

图 28

反正这个建筑内部功能和外部表皮可以彼此独立，城市设计的优胜者 Cobe 自然能把形体和立面的逻辑安排得妥妥当当，毕竟整体规划就是人家做的嘛（图 29、图 30 ）。这就是主场优势。

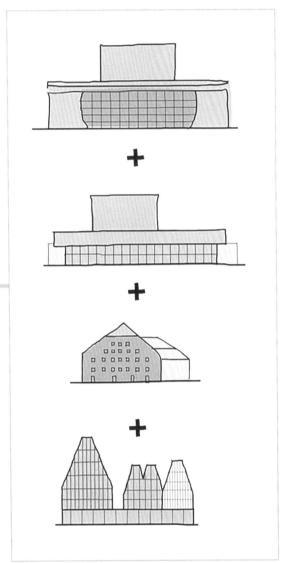

图 29

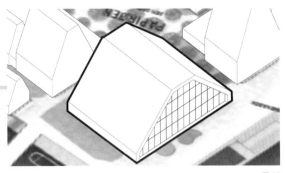

图 30

至此，这个方案就算完成了。

然而，不知道 BIG 是方案做兴奋了，还是想刷下存在感，反正他又在 Cobe 形体的基础上整体扭了一下（图 31 ）。

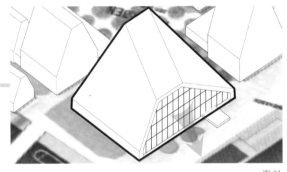

图 31

开放的大玻璃幕墙，同时连接内院和海景，并顺手赠送了一层 VIP 按摩室和屋顶无边泳池（图 32、图 33 ）。

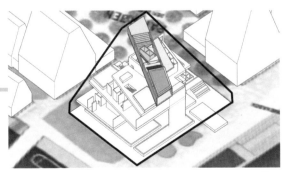

图 32

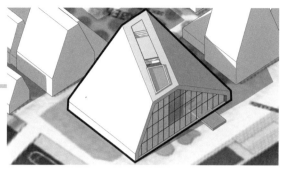

图 33

这就是 Cobe 和 BIG 联合公布的哥本哈根水上中心方案，一个和水死磕，结果磕出个瀑布来的建筑（图 34 ～图 38）。

图 34

图 35

图 36

图 37

图 38

313

不出意外，你看到这本书的时候应该都已经 2021 年了吧，建筑师还没把自己从熬夜熬图的困境中解救出来。

我们总被教育求人不如求己，可求己管用的话，我还求人干吗？独磕磕不如众磕磕，我磕磕不如你磕磕。建筑本就是个集体活动、社会行为，解决问题才是王道，是谁解决的问题不重要。

图片来源：

图 1 ～图 3、图 29、图 34 ～图 38 来源于 http://www.cobe.dk/，其余分析图为作者自绘。

END

除了钞票和大熊猫，没什么能让全世界人民一致点赞

图1

名　称：哥本哈根动物园阴阳熊猫馆（图1）

设计师：BIG 建筑事务所

位　置：丹麦·哥本哈根

分　类：动物馆舍

标　签：平行流线

面　积：2450m²

"先有熊猫后有天，猫颜惑众赛神仙。"我相当怀疑就这两句打油诗水平的大白话，99.99%是当代网友的杰作，应该算不到古人头上。但毋庸置疑的是，"胖达"（熊猫英文的谐音）这个圆滚滚的糯米团子真的是——太好吸了。

而且人家滚滚可是为国卖萌，官方称为"熊猫外交"。随便啃个竹子、打个盹儿就能让外国人屁颠儿屁颠儿地签下熊猫租借条约，还要争先恐后地往上加价。比如，苏格兰为了租借熊猫就和中国签下了贸易协议，其中包括三文鱼、可替代能源技术、汽车等，总价值高达 26 亿英镑（约 231 亿人民币）。法国为了租借熊猫，承诺向中国提供提取核能原料的氧化铀。而荷兰人为了租养一只大熊猫，总共折腾了 15 年，首相都换了三届，对熊猫的执着却有增无减。在 2015 年荷兰国王访华的时候，我国终于同意送两只小宝贝武雯和星雅去住一段时间。

荷兰人民简直太激动了，一激动就斥巨资 700 万欧元（约 5600 万人民币）建了一座超豪华帝王级熊猫公馆：占地 9000 多平方米，整个园区全部按照中国传统宫殿设计，所有的建筑都由中国人建造，材料除了沙子之外都是从中国进口的（图 2 ~ 图 4）。

图2

图3

图4

对此，比利时人不屑一顾：你们荷兰人根本不懂熊猫大人！大人生活在四川，在中国西南地区，你们搞得金碧辉煌的宫殿是北方建筑好吗！于是，他们模拟四川盆地的环境，耗资800万欧元（约6400万人民币）为大熊猫星徽与好好造了一座江南园林，还在中秋节组织合唱团为滚滚们唱《水调歌头》（图5～图7）……

然而，在为熊猫造行宫这件事上，没有最贵，只有更贵，还得更有文化！堪称最理直气壮、义正词严的炫富比赛。

最近刚刚获得暂时性领先的是丹麦人。他们花了1.6亿丹麦克朗（约1.7亿人民币），请了红遍全球的丹麦著名建筑事务所BIG为大熊猫毛笋和星二建了一座2500m²的熊猫馆。

而BIG也一改往日简单粗暴的画风，恶补了一通中国文化后，竟然根据熊猫的黑白配色联想到了太极图案，又联想到了毛笋和星二一男一女的性别差异，拐了八百个弯设计出了现在这个读书少的人都看不懂的阴阳熊猫馆（图8～图10）。

图5

图6

图7

图8

图9

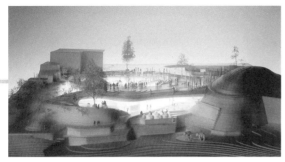

图 10

BIG 先从场地调研开始。

原本位于哥本哈根动物园中心位置的是大象馆，现在滚滚要来了，园方没有任何愧疚心理地就把大象给搬走了。

大象：老子凭什么搬家？

园方：租不到熊猫你负责扮演吗？

大象：我搬还不行吗！

于是，大象馆被挪到一边，留出紧挨着中心广场的大片用地作为熊猫馆的建设用地。要是算上拆了大象馆又新建的费用，估计这个 1.7 亿的耗资还得往上再翻几个跟头（图 11）。

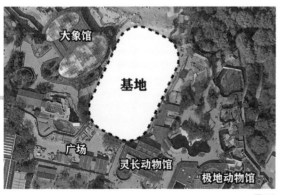

图 11

既然基地紧邻中心广场，那么主入口也必然要面向广场，并且考虑到最大限度地保留原有地形和地景，用地形状被精确整理成不规则形状（图 12）。

图 12

按理说，设计动物展馆或展区应该同时考虑两方面的需求：动物的生活需求和人们的参观需求。但实际情况是，很难有两全其美的解决方法。野生动物园，基本看不清动物，离人要多远有多远；普通动物园，隔着玻璃笼子倒是看清楚动物了，可你考虑过动物的感受吗？

但 BIG 想解决这个问题。

第一步：熊猫的生活需求

天大地大，熊猫最大。不让国宝大人生活得舒适愉快，什么都白搭。虽然毛笋和星二是一起留洋的小伙伴，但自然状态下的大熊猫是独居的，并且雌性大熊猫的发情期每年只有半个月左右，也就是说，一年中的绝大多数时间里，两只大熊猫是不需要碰面的。因此，"胖达"的活动区需要分开布置（图 13）。

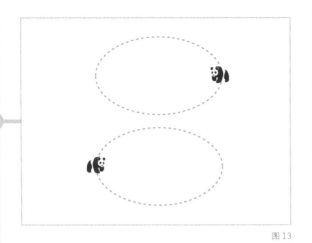

图 13

结合场地现状，BIG 决定把活动区做成圆形。这样既确保了熊猫活动面积最大化，同时也尽可能地维持活动区的圆滑边界，保障滚滚生活视野的开阔（图 14、图 15）。

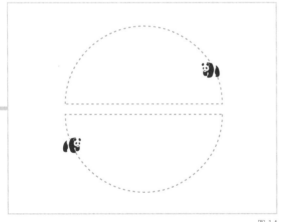

图 14

图 15

国宝大人远渡重洋前往异国他乡，难免孤独彷徨、思念家乡，为了慰藉滚滚们的思乡之情，BIG 又恶补了一通中国园林的知识，在有限的场地内为它们营造出了丰富的场景，步移景异、曲径通幽。

通过倾斜活动区，制造人工缓坡，模拟山林生态环境的同时，还可以把熊猫宿舍和保育设施放到斜坡下面，既满足了功能需求，又不占用"胖达"的室外活动场地（图 16）。

图 16

再梳山理水：在地势低的地方挖出小溪，溪边种植低矮灌木，配合游乐设施；山坡上种植新鲜的竹子，打造竹林景观；最后在地势最高的地方种植高大乔木，模拟远山景色。"胖达"有郁郁葱葱的竹林可以随手就吃，在阳光明媚的草坡上倒地就睡。流水潺潺，林木青翠，想怎么玩就怎么玩（图 17）。

图 17

至此，"熊生"三件大事：吃、睡、玩，全部解决。

第二步：游客参观需求

熊猫生活区确定之后，其他功能的位置也可以定下来了。

餐厅和后勤办公就放在熊猫区和保留的大树中间，而且这个餐厅还能尽览三处风景——熊猫区、大象区、东侧的其他动物区，简直完美（图18）。

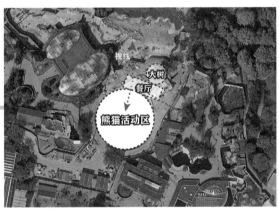

图18

但丹麦人民来动物园就是为了吸熊猫的，不是为了吃吃喝喝。所以，BIG你到底打算怎么设置流线，让大家一次吸个过瘾？

<u>画重点：跟随熊猫，平行流线。</u>

也就是说，只要让人们紧跟熊猫的步伐，平行设置游客的行动流线和熊猫的活动流线，就能360°全方位花式吸熊猫。说得好像很容易，但国宝的流线是区区人类能规定的吗？滚滚的活动流线肯定是不可控的，所以最好的办法就是让人能360°环绕场地观察。

这也是为什么把生活区设置成圆形的第二个原因：熊猫有最开阔的生活视野，游客也拥有了最长的参观流线（图19）。

图19

于是在熊猫场地外面加上一圈环形坡道，创造大范围的俯视观察区域（图20）。

图20

同时将整个结构向下移动，使环道和室外地面平齐，让游客自然地踏入环道（图21）。

图21

继续让参观流线向内深入，最大限度地与熊猫在领地内的流线平行，构成一个"8"字形流线（图22）。

图22

这里需要考虑到一个实际问题：游客流线在圆心交接处是否需要互通。

BIG 最终决定，让游客流线在圆心处终止，也就是不互通。这样一方面可以在这里设置两只熊猫领地间的通道，另一方面则是考虑人流拥挤时不产生交叉，以免发生危险。而根据丹麦人民对熊猫的热情，游客蜂拥而至几乎是板上钉钉了（图23）。

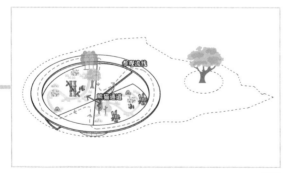

图23

然后，在熊猫的宿舍和保育设施外再加上半圈斜向坡道，创造平视视角，让游客可以更全面地观察大熊猫以及保育设施（图24、图25）。

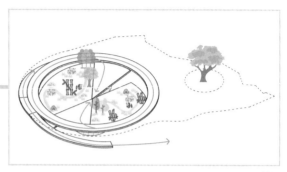

图24

图25

这样，整个环形坡道就创造了除了大角度仰视这种较危险的视角外几乎所有的观察角度（图26）。

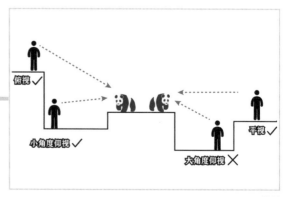

图26

最后，将熊猫活动区域的边缘顺着"8"字形柔化，同时用栅栏区分熊猫空间和游客空间（图27）。

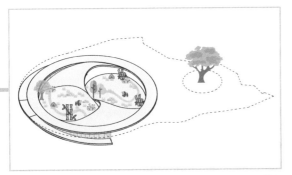

图 27

至此，方案是不是就做完了？当然不是啦。

因为游客在与熊猫互动后还有其他需求（哎，人类就是麻烦），比如就餐和如厕。我们前面说了，在熊猫活动区和保留的大树之间设置餐厅（图28）。

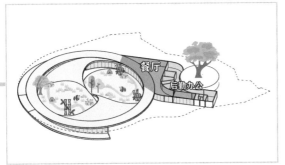

图 28

延伸熊猫的部分生活空间，使餐厅一端可以设置观看熊猫的座位，人均消费 1000 欧元不是梦想（图29 、图30）。

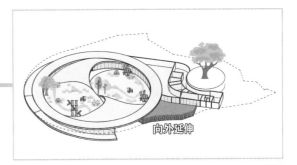

向外延伸

图 29

图 30

给餐厅加上屋顶，并将坡道整体做一下微妙角度的偏移，使屋顶与环形走道合为一体（图31 ~ 图33）。

餐厅加屋顶

图 31

圆环向上倾斜

图 32

连接屋顶

图 33

将屋顶坡道一端围绕大树设置下行流线，另一端向西侧延伸与大象馆连接（图 34）。

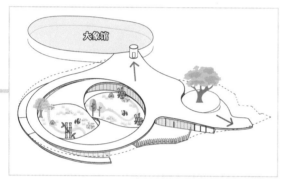

大象馆

图 34

最后在屋顶上开洞，让出位置给下面的各种保留树木，就可以静候国宝大人下榻啦（图 35）。

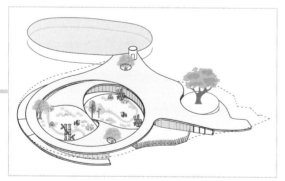

图 35

这就是 BIG 刚建成的新作——哥本哈根动物园阴阳熊猫馆（图 36 ~ 图 40）。

图 36

图 37

图 38

图 39

图 40

这座目前为止最贵的熊猫馆已经于 2019 年 4 月 10 日正式对公众开放，丹麦女王玛格丽特二世亲自剪彩，热烈欢迎两只中国的大熊猫入住。

而这个"最贵"应该也不会保持太久，有消息称，日本原来花 5000 万人民币建的熊猫馆已经不够用了，正打算斥资约 2 亿人民币建个新的。

这就是我们的世界，一个已经被熊猫攻占的世界，一个已经因为熊猫"丧失尊严"的世界。

我真的"柠檬"了，愿用今生十倍的画图量换来生投胎做熊猫！

图片来源：

图 1、图 25、图 30 来源于 https://www.gooood.cn/panda-house-by-big.htm，图 2 来源于 https://www.sohu.com/a/136801898_570238，图 3、图 6 来源于 http://travel.cctv.com/2017/09/21/ARTIyVG49SiKqcksOQHgOyEa170921.shtml，图 4 来源于 https://new.qq.com/omn/20180224/20180224A0TYAW.html，图 5 来源于 https://www.sohu.com/a/124487974_119112，图 7 来源于 http://sd.ifeng.com/zibo/zbgaoqinghuandeng/detail_2014_03/31/2060831_2.shtm，图 36 来源于 https://afasiaarchzine.com/2019/04/big-198/，图 37 ~图 40 来源于 https://www.archdaily.com/867991/bigs-designs-yin-yang-shaped-panda-enclosure-for-the-copenhagen-zoo?ad_medium=gallery，其余分析图为作者自绘。

END

不被结构师疼爱的建筑宝宝，
要更坚强啊

图1

名　称：马鞍之家（图1）
设计师：Nextoffice 事务所
位　置：伊朗·设拉子
分　类：住宅
标　签：拱结构，传统转译
面　积：1800m²（rhino 软件建模估算）

图2

名　称：伊朗马什哈德建筑工程组织总部大楼（图2）
设计师：Nextoffice 事务所
位　置：伊朗·马什哈德
分　类：办公
标　签：拱结构，传统转译
面　积：14 200m²

每个展翅高飞的建筑师，都有一对隐形的翅膀。翅膀上的每根羽毛都写满了来自"结构大神"的疼爱——就像库哈斯有巴尔蒙德，石上纯也有佐藤淳。

然而，结构师常有，结构师的疼爱不常有——特别是疼爱咱们这种"小透明"建筑师的结构师更是绝无仅有。

也不知道是不是单身的基因已经影响了专业技术领域，撩不到漂亮可爱的小姐姐也就算了，怎么想和朴实憨厚的结构小哥哥聊聊人生理想也这么难呢？

因为没有人有义务为你的理想买单，甲方没有，结构小哥哥也没有。说句不负责任的话就是：万事还得靠自己。可是但凡能靠自己谁还想靠别人？据说，80%的建筑师都是"结构渣"，而卡拉特拉瓦只有一个。真以为结构师不要面子的吗？所以，负责任一点儿的话应该是：有些事是可以靠自己那点儿少得可怜的结构知识解决的。

比如，下面这位来自伊朗的建筑师阿里雷扎·塔格博尼（Alireza Taghaboni）。我们暂且就叫他小 A 吧。

小 A 的结构知识真的有限，最熟悉的结构也就是伊朗本土建筑文化中常见的"查塔奇"（图 3），多用于宗教和宫殿建筑，说白了就是一种组合拱券的结构形式。

图 3

"拱"应该算是入门级的建筑基础结构知识点了，基础到都不用你的结构老师废话，你的建筑史老师都能顺手给你说明白了。我们通过图 4 和图 5 简单复习一下。

325

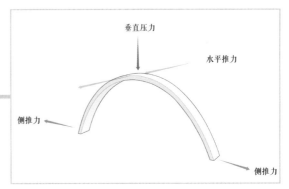

图 4

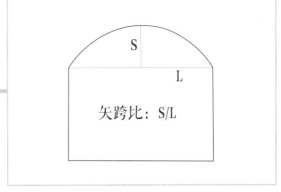

图 5

1. 承载力

拱自身具有很好的抗压性能，对水平力的抵抗能力较弱，而要提高拱对水平力的承载能力则需要将其沿着受力方向加厚，如从拱变成筒拱。

2. 侧推力

拱的两侧往往具有向外的侧推力，这也是一般拱都需要接地或者加拉索构件的原因。一般说来，其矢跨比越大，侧推力越小，例如高耸的抛物线拱就比低矮的正圆拱的侧推力小。

小 A 虽然结构技能一般，但很爱思考。他盯着这个"查塔奇"看了半天，明白了一件事：拱是可以组合的啊，不仅可以生成圆形平面，还可以生成方形平面、三角形平面。如果以其为单元，还可以无限组装和拼装（图 6）。

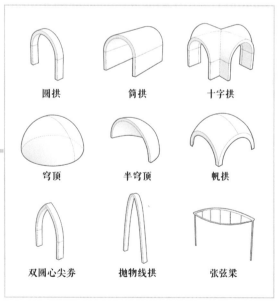

图 6

更重要的是，拱的尺度是可变的啊，换个有品位的说法就叫"无尺度构件"（图 7）。

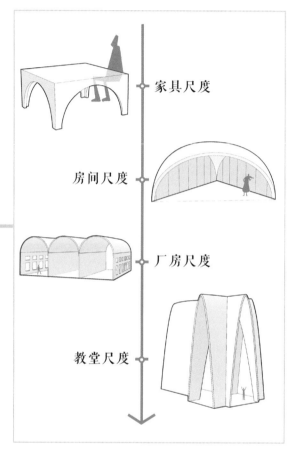

图 7

明白了这两件事，小 A 挽起袖子就开始自力更生了。

初阶版自力更生

小 A 的目标锁定了位于伊朗的一栋私人住宅。

业主可能是密斯·凡·德·罗的"真爱粉"，尽管当地气候炎热干燥，依然强烈要求建一个类似于范斯沃斯住宅那种有大面积落地玻璃的房子（图 8），当然同时要避免范斯沃斯住宅在私密性设计上的缺陷。

图 8

首先，小 A 根据面积需求确定了建筑体块，将建筑分为三层（图 9）。

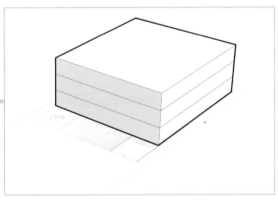

图 9

考虑到当地炎热干旱的沙漠气候，小 A 将底层下沉，做成半地下空间，让土地为建筑增加保温隔热的能力（图 10）。

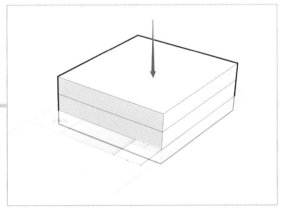

图 10

然后把负一层用于储藏与活动；一层设置入口玄关、客厅、餐厨空间和卫生间；二层是卧室。这样的规划实现了动静分区（图 11）。

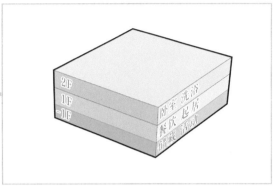

图 11

考虑到当地实在太晒了，小 A 决定使用拱结构营造曲面屋顶，降低屋顶被暴晒的面积。毕竟，相比普通的平屋顶，球状的屋顶在一天中能有更长的时间让一部分区域不被晒到，从而为室内营造热循环和自然风效应（图 12）。

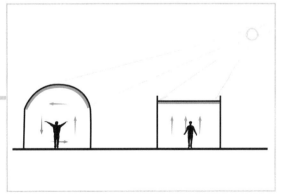

图 12

小 A 选择用筒拱与半球穹顶来组合形成新的单体，将其作为设计的主要元素（图 13）。

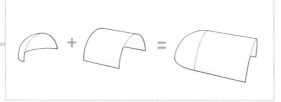

图 13

这个组合的好处很明显：

首先，比起双圆心尖券或者抛物线拱等，正圆拱的矢跨比更加接近住宅的空间尺度。根据正圆拱的理想矢跨比，如果高度设为 5m，则空间宽度可达到 10m。

其次，如果宽度仍不够，可以通过延长筒拱来增大房间尺寸。

再次，这种单体空间只留出一个豁口供人进出，依靠垂直玻璃面来封面即可。

一切就绪，下面就可以开始排结构了，其实也是在排空间。

先是地下室。除了四边都设有剪力墙来承力之外，小 A 将组合单体置于建筑中部来支撑上层建筑（图 14）。

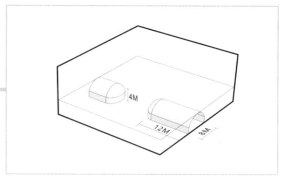

图 14

而为了抵消掉筒拱的巨大侧推力，小 A 在其外侧各设了一圈方向相反的斜撑，从而将上部传来的压力通过斜撑传给筒拱（图 15）。

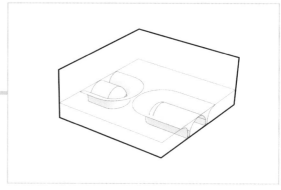

图 15

这样，就在结构两侧形成了无柱的大空间，可以供业主进行娱乐活动，举行大型聚会（图 16、图 17）。

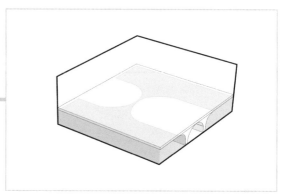

图 16

图 17

接着是首层。根据功能需求来分类，把客房、厨房、卫生间这三大区域作为封闭空间（图18）。

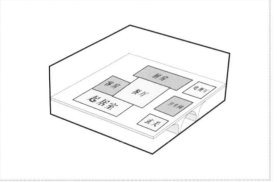

图 18

然后采用组合好的单体将这三个空间包裹起来，并且确定与各个房间相符合的结构尺度（图19）。

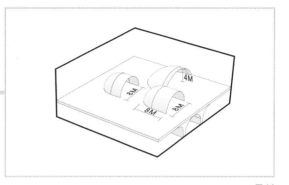

图 19

由于首层的功能需求主要在于观景，所以三个单体统一开口朝外放置（图20）。

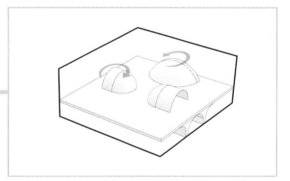

图 20

然后布置室内分隔（图21）。

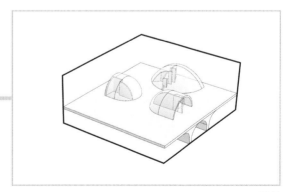

图 21

再给首层罩上玻璃壳子。为了降低温室效应，将玻璃壳内退一圈，留出外廊（图22）。

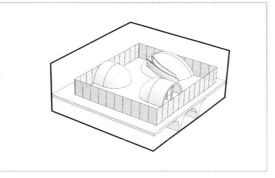

图 22

接着放置二层。

第二层为卧室，出于对私密性与抗晒性的考虑，将其开口统一朝内，通过三个结构单体的围合，还顺便得到一个内院（图23）。

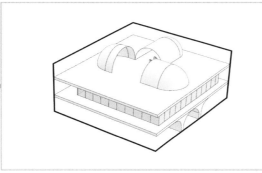

图 23

为了让楼板起到类似地面的作用，帮助拱消解侧推力，在楼板内埋设结实的梁网结构（图24）。

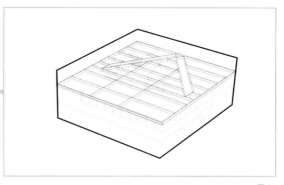

图 24

然后将外壳柔化处理，起到进一步消解侧推力的作用（图25）。

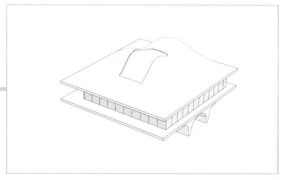

图 25

最后布置内墙，就可以收工了（图26）。

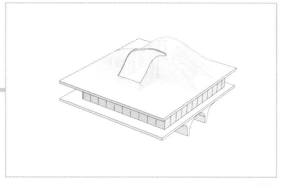

图 26

这就是小 A 领衔的伊朗 Nextoffice 事务所设计的马鞍之家（图 27～图 29），也是 2018 年世界建筑节"房屋－未来项目"类别（此奖于 2019 年颁发）的八个入围项目之一。

图 27

图 28

图 29

小 A 搞的这个住宅不但有文化、有内涵，还极好地适应了当地的特殊气候，漂亮又不贵，一经推出就成了爆款（图 30、图 31）。

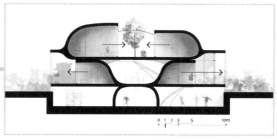

图 30

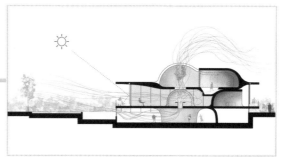

图 31

不是上上杂志的那种爆款，是叫好又叫座的那种爆款。伊朗人民对这个方案相当满意，让小 A 再接再厉，成片成片地整出来一大堆类似的房子（图 32）。

图 32

作为建筑师，你必须要明白你的优势在哪里。

敲黑板：我们在结构上永远都算不过结构师，但我们可以将结构系统转化成空间设计。

进阶版自力更生

上面这个住宅说白了就是每组房间撑起一个蒙古包。如果建筑功能再复杂一点儿呢？小 A 表示：我还会把直筒拱掰成弯的。

我们都知道，传统的拱门传力非常简单，主要依靠砖砌路径传递压力，是一种二维的传力方式（图 33）。

图 33

那么，如果把无数拱门以渐变的方式叠合在一起，结构上是不是依旧成立呢（图 34）？

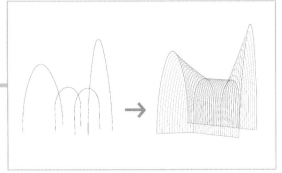

图 34

是的，你没猜错，就是依旧成立。而这样的筒拱在造型上就已经成功被我们掰弯了。掌握了这个规律，小 A 就继续自力更生了。这次的目标是伊朗马什哈德建筑工程组织总部大楼，基地面积 2400m²，建筑面积 14 200m²，主要功能就是办公。

这个项目个头不大，但来头不小，誓要成为整条街上最靓的仔。

库哈斯说了，XL 号的建筑自然具有标志性，那现在这个 XS 号的建筑怎样才能具有标志性呢？答案嘛，你的设计原理老师肯定讲过，就是通过雕塑感来营造标志性。但雕塑感有个最大的问题就是中看不中用，想想各种广场雕塑你就明白了。

至此，小 A 的企图也就呼之欲出了：他打算通过掰弯筒拱来塑造具有雕塑美感的结构体系，并以此设计空间。

首先，根据任务书来确定建筑体量以及层数（图 35）。

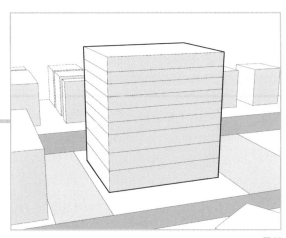

图 35

由于建筑基地面积非常紧张，两侧的绿地又不能动，前后还都是大马路。于是小A打通了整个建筑，以解决两边马路都存在的人流量问题（图 36、图 37）。

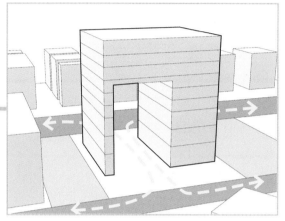

图 36

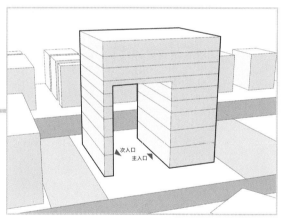

图 37

那么问题来了，你开个过道就开吧，为什么要开个 20 多米长的过道？还能为什么，当然是为了炫结构了。于是小A把方筒空间变为筒拱（图 38）。

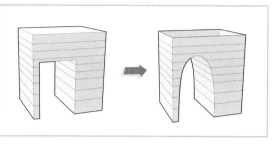

图 38

然后置入功能，并根据面积要求进行体量增减（图 39）。

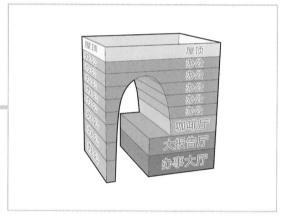

图 39

添加外挂坡道，使得报告厅有单独的对外流线，便于疏散和管理，而外挂坡道也为建筑带来了强烈的雕塑感（图 40）。

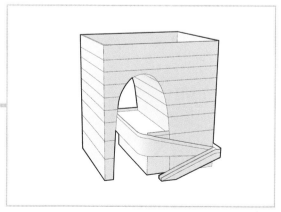

图 40

前面说过，筒拱结构容易有侧推力的问题。传统解决方法有加厚侧墙、在墙外侧另加斜撑等。这里小 A 选择了前一种思路（图 41）。

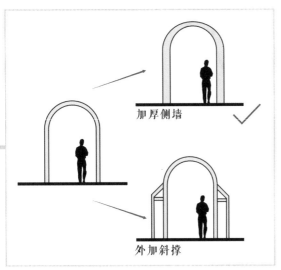

图 41

但是，过于厚实的侧墙所散发的土味审美，让艺术家小 A 表示决不能忍，所以这次的处理方式稍微有些不同。

建筑师先将带有剪力墙的交通核作为核心筒结构，置入筒拱的侧边，用于抵抗侧推力，然后将长端缩短，再把厚墙两端做收分（图 42）。

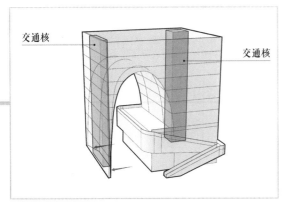

图 42

这样在路人看来，抛物线拱的侧边缘就会显得很纤薄（图 43）。

图 43

由于核心筒导致筒拱有两处发生突变，因此在突变处又添加了两个拱骨架（图 44）。

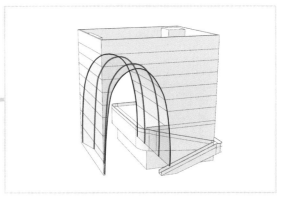

图 44

为了让室内使用区域不被室外过道空间过度侵占，把突变处的拱的大小进行压缩，同时也起到了强化空间透视的效果。因此这个看起来气派而巨大的拱形过道空间，就这么给室内省出了地方（图 45、图 46）。

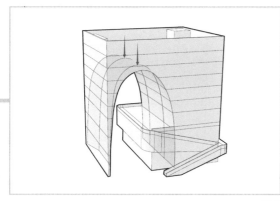

图 45

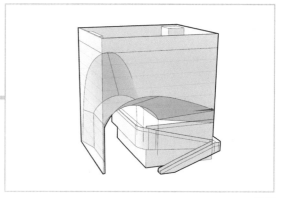

图 48

接着更厉害的操作来了。由于大厅盒子的存在，在连接时给了第三组小拱往第四组大拱形成二连跳的机会。小 A 顺手就将第四组拱按照类似双圆心尖券的处理方式分为了两个部分，与二连跳的拱分别相接（图 49）。

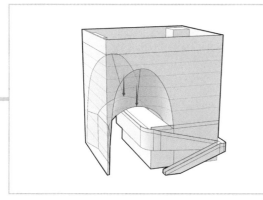

图 46

除此之外，还要通过调整立面上的拱，将两处马路的人流量在入口立面上分出主次层级，即人流量大的一侧，拱形也就更宽（图 47、图 48）。

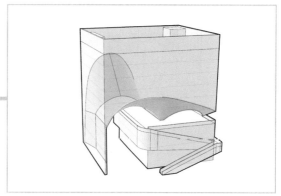

图 49

至此，一个极具雕塑感的拱券结构就形成了（图 50、图 51）。

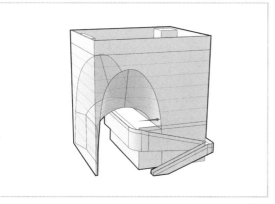

图 47

图 50

图 51

但严格来说，最后只有前三组符合拱的定义，能起到支撑作用。而第四组更接近刚架结构，主要起到悬挑作用（图 52）。

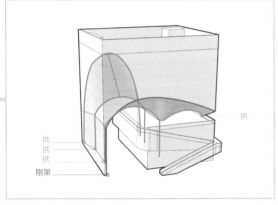

图 52

由于建筑进深较大，在中部添加室外采光井引入阳光，同时根据当地阳光角度，让采光井向南倾斜（图 53）。

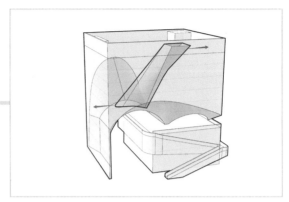

图 53

就像筒形过道空间可以引导穿堂风一样，该采光井也起到重要的拔风作用，两者相连通，共同起到给建筑降温的作用（图 54）。

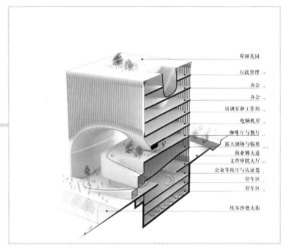

图 54

为了拔风，采光井是作为室外空间存在的。所以小 A 又额外设计了一个中庭，让采光井向室内退让一圈，就形成了中庭。嗯，这个中庭也是斜向的（图 55 ～图 57）。

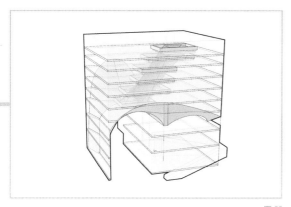

图 55

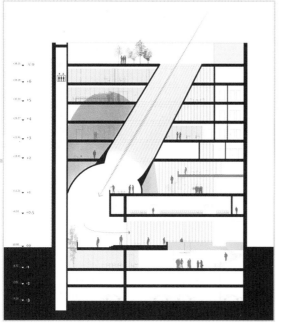

图 56

图 57

最后，再给整个外立面与采光井筒都套上竖格栅状的表皮，就大功告成了（图 58）。

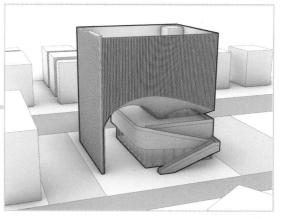

图 58

这就是 Nextoffice 事务所的另一个在建拱结构项目，伊朗马什哈德建筑工程组织总部大楼（图 59~ 图 63）。

图 59

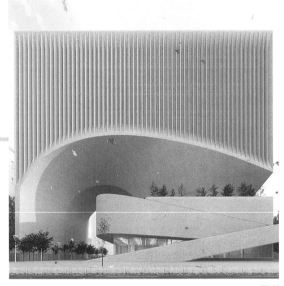

图 60

图 62

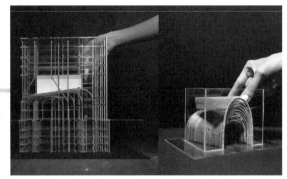

图 63

中标后，小 A 还很闷骚地表示："这个拱造型不是瞎搞的哦，是参考了伊朗在波斯时期的建筑遗迹呢（图 64）。"

图 61

图 64

"建筑的本质是空间"这句话其实挺虚的，但有一个自我约束的简单方法：无论结构，还是材料，还是造型，还是什么别的设计元素，都尽量让它们成为空间之中的构成，而不是空间之外的附属。

说白了，就是你费尽心机搞的这些东西不能被装修糊死。当然，如果人家非要糊，咱们也没办法。

END

日本人凭什么『重塑巴黎』

图1

名　　称：巴黎千树项目（图1）
设计师：藤本壮介建筑师事务所，OXO 建筑事务所
位　　置：法国·巴黎
分　　类：综合体
标　　签：中庭，绿化
面　　积：55 654m²

幸福不是猫吃鱼，狗吃肉，奥特曼打小怪兽；幸福是今天吃鱼，明天吃肉，奥特曼带我打小怪兽。

有人说，人类的天性就是吃着碗里的瞧着锅里的，吃大鱼大肉的时候想吃清粥小菜，吃清粥小菜的时候又想吃山珍海味。总之，最好吃的不是在路上就是在别人的碗里。不仅婚姻是围城，世上万物皆是围城。拥有的不完美，得不到的永远在骚动。比如，巴黎。

如果城市有"人设"，巴黎一定是站在鄙视链顶端的仙女姐姐，冷艳高贵有内涵，低调奢华国际范儿。但就是这样的巴黎城也有烦恼，就是觉得自己太"高大上"了。

于是，锐意进取的巴黎市长大人在 2015 年发起了一项全球竞赛——重塑巴黎。简单来说，就是超级"白富美"厌倦了自己那个 100km² 的衣柜里所有华丽、高贵、精致的衣服，向全世界悬赏变身新造型的比赛。

市长大人也是拼了，为了找到最适合、最能闪瞎眼的新造型，愣是在巴黎市中心这样寸土寸金的地方东拼西凑出了 23 块竞赛场地（图 2）。

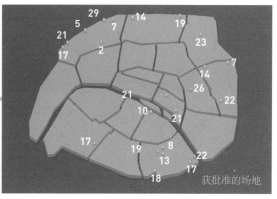

图 2

这 23 个重要地块散布在巴黎各处，包括废弃和未充分利用的城市设施、一座 15 世纪的豪宅、一个前公共浴场，以及许多空置景点。一位来自日本的年轻设计师选中了 17 号地块（图 3）。

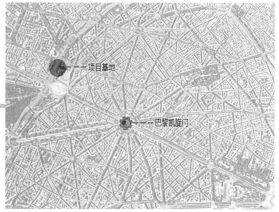

图 3

17 号地块位于巴黎的二环路上。二环路作为巴黎市中心的边界，在这里盖房子基本就等于立了个巨型广告牌。

这也正是日本小哥所期望的，他来自遥远的东瀛岛国，再怎么恶补也不可能在风俗、文脉等精神文明层面与欧洲本土的设计师一决高下。所以，这块既醒目又远离市中心的场地基本上是最佳选择了（图4）。

图4

日本小哥的思路很清晰，他就赌从小吃惯了法式大餐配红酒的"白富美"巴黎一定对清新、清淡、清水煮的白粥小菜感兴趣。

这块用地面积共计6450m²，限高37m，地块横跨在巴黎二环路的上方，目前一部分是一个停车场，另外一部分被二环路占用了（图5）。

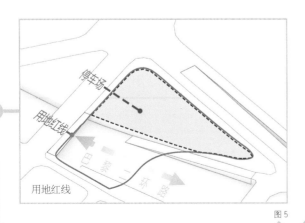

图5

整个建筑是一栋包括商业、办公、酒店、公寓等功能在内的城市综合体，并没有什么特别的地方，那这顿清粥小菜该怎么做？

很简单，两个字：种树。

种树这事儿对所有建筑师来说都不陌生，不就是配景吗，咱不但会种树，还会种花、"种人""种汽车"呢。但这次日本小哥的种法不一样。简单来说，他不是把树当配景种，而是把树当主角与建筑一起生成。

第一步：升起体块

将原有的停车场放置在地下，通过场地下部的道路直接联系，在地面上整理出完整的建设用地（图6）。

图6

根据地形升起建筑体量。

首层交通便捷，用作商业空间；上部朝向巴黎市中心的部分作为办公空间，朝向郊区的部分作为酒店空间；公寓放置在建筑的顶部（图7、图8）。

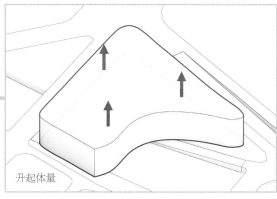

升起体量

图 7

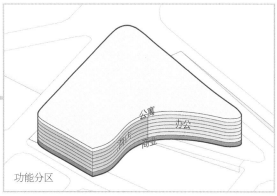

公寓 办公

酒店 商业

功能分区

图 8

第二步：延续城市绿化

由于地处近郊，场地周边的城市绿化十分充足（图 9）。

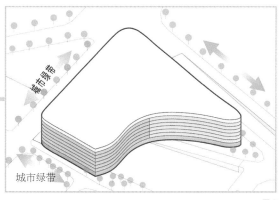

城市绿带

城市绿带

图 9

但问题是，建筑已经将场地占满，树种在哪儿？所以首先需要创造可以种树的空间。建筑底部退让形成裙房，在裙房屋顶上种植树木，使周边的城市绿化在场地内得到延续（图 10、图 11）。

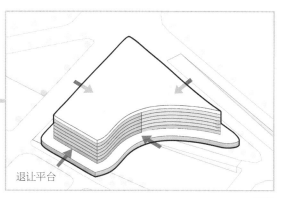

退让平台

图 10

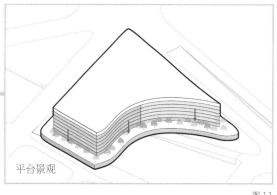

平台景观

图 11

第三步：削减体块

然而事实上，这样种树其实是非常尴尬的。树种得密集、高大，会影响建筑内部的采光，种得稀疏、矮小则基本等于没种——根本无法辐射到内部空间（图 12）。

图 12

那么问题来了：怎样种树才能让树和建筑内部空间产生更多的关系呢？

将建筑主体的体量下部内收，隐藏在树木当中。在底部体量能够包裹住建筑内部核心筒的情况下，尽可能地让出底部空间用来种树。也就是像楔子一样，把树"楔"入建筑底部（图13、图14）。

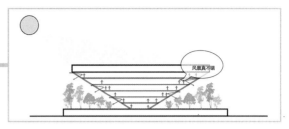

图15

第四步：树木引导人流

树无论种在哪儿，都是作为城市共享资源存在的，而不是某个人或某栋楼的私有物。也就是说，只让建筑内部感受到树还不够，所有树木也应该向城市尽可能多地展示。

前面说了建筑首层用作商业用途，"金角银边"的道理外国人也懂，所以朝向道路的两个拐角用作一层商业入口，通往一层屋顶的路径设置在建筑的三条边上（图16）。

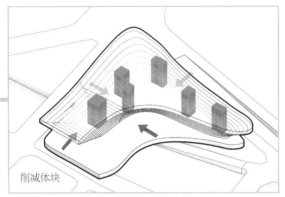

削减体块

图13

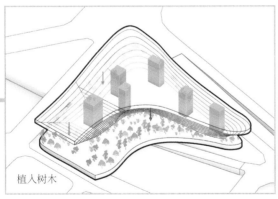

植入树木

图14

尽可能地增加建筑与树的接触面（图15）。

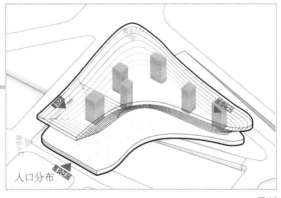

入口分布

图16

设计大台阶联系城市和建筑屋顶树林。

为了尽可能减少对一层商业沿街面的占用，同时更多地展示屋顶树林，大台阶被设计成扇形（图17、图18）。

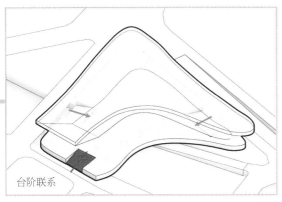

台阶联系

图 17

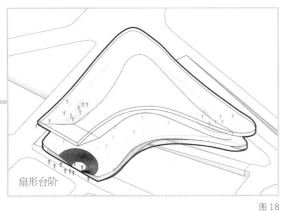

扇形台阶

图 18

第五步：用种树来组织商业分区

连接一层的商业入口形成了内部商业街。商业街自然将首层划分成零售、餐饮、娱乐几大区域，在每个区域内设置中庭景观（图 19 ～ 图 21 ）。

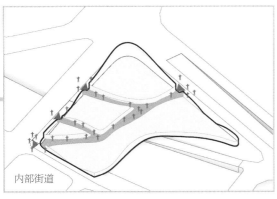

内部街道

图 19

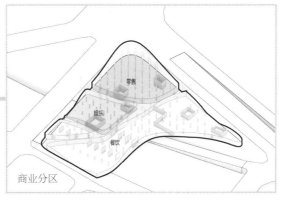

商业分区

图 20

置入中庭

图 21

光线可以沿着中庭进入首层，屋顶景观也可以在首层被感知。为了使商业空间更加明亮，同时更多地感受到屋顶树林，在沿着内部街道的屋顶也设置天窗（图 22、图 23）。

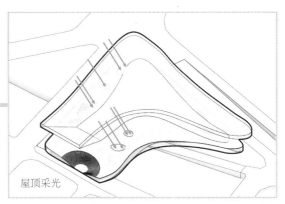

屋顶采光

图 22

345

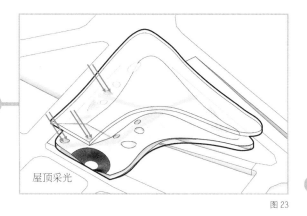

屋顶采光

图 23

第六步：办公和酒店布局

建筑的塔楼主体部分设计成酒店客房和公共办公空间（图 24）。

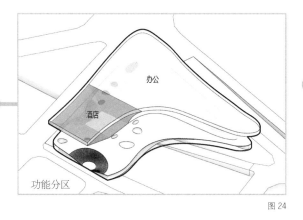

办公

酒店

功能分区

图 24

从二楼到七楼，为了使更多的房间拥有自然采光，房间沿着建筑边界布置（图 25）。

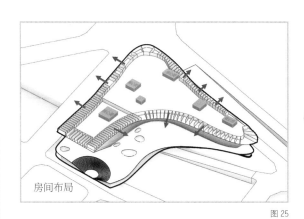

房间布局

图 25

在建筑内部挖出庭院，引入自然光，同时也将树木引入建筑内部（图 26、图 27）。

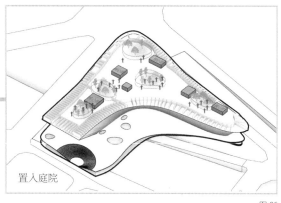

置入庭院

图 26

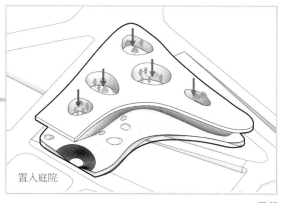

置入庭院

图 27

围绕庭院布置更多的房间，提高建筑空间的利用率（图 28）。

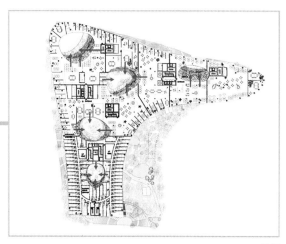

图 28

第七步：庭院变形

为了将充足的南向光照引到建筑北面，促进树木的生长，将部分庭院变形（图29）。

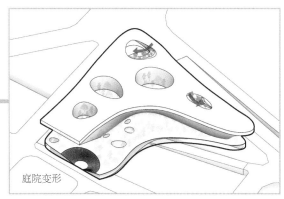

庭院变形

图29

这也使得建筑的形体显得更加通透、轻盈。至于洞口怎么开，只要分布均匀、利于建筑采光就可以。洞口还可以为阴面的植被引来宝贵的阳光（图30）。

图30

所以在建筑的立面上也就出现了这个巨大的洞口（图31）。

图31

竖向上的洞口由上到下逐渐变小。设置围绕庭院的观景平台，同时在观景平台上种植更多的树木（图32、图33）。

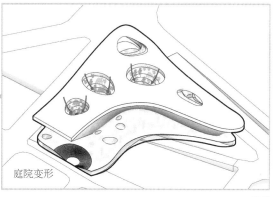

庭院变形

图32

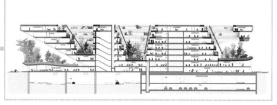

图33

第八步：屋顶公寓与绿化

为了尽量多地设置公寓，同时在建筑屋顶种植更多的树木，将公寓体量沿着建筑的边界布置，树木集中布置在中间的空地（图34、图35）。

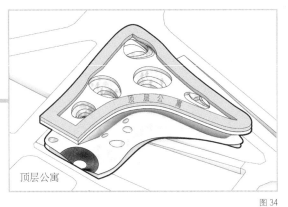

顶层公寓

图34

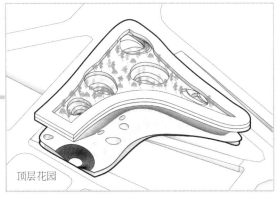

顶层花园

图35

但是这样设计的话，树木绿化就是属于整片公寓的，而不是单个公寓的。所以建筑顶部的酒店公寓以小体量的盒子形态零散地布置在屋顶，树木穿插其中，仿佛林间村舍（图36、图37）。

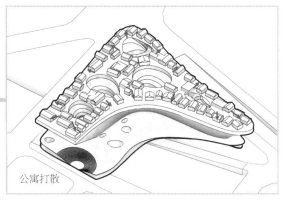

公寓打散

图36

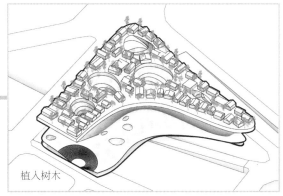

植入树木

图37

小体量的盒子也能以堆叠的方式穿插在树林中。公寓散布在屋顶，既共享屋顶的森林，又可以眺望巴黎的城市风光（图38）。

图38

第九步：结构强化

在潇洒地完成建筑设计后，建筑呈现出了不符合受力原理的倒三角形，头重脚轻，像一艘轮船。为了实现这个造型，设计师在建筑边缘加设了一圈斜向支撑柱，同时在悬挑大的地方将建筑的庭院边缘也通过加设桁架杆件的方法使其成为结构体。在核心筒、桁架结构、斜向支撑柱的共同作用下，建筑总算是立起来了（图39、图40）。

图 41

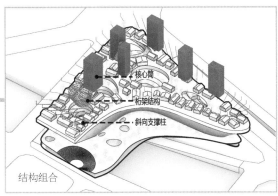

图 39

图 42

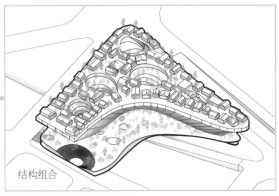

图 40

图 43

这就是藤本壮介建筑师事务所和OXO建筑事务所联合设计的巴黎千树方案，也是重塑巴黎竞赛17号地块的第一名（图41～图45）。

图 44

黑泽明对自己的电影曾有过这样一番评价："我
不知道人们为什么对我的电影反响热烈，但我
认为最吸引外国观众的，是我没想取悦他们。
如果你试图强调日本特色来增加感染力，并描
写一个西方人认为在外国发生的故事，他们的
反应将非常消极。但作为一个日本人，如果你
讲一个与日本人操心的事有关的故事，它会吸
引全世界的人，因为各国都有类似的操心，我
猜这就是人们发觉它最吸引人的地方。"

所以，全世界人民都会惦记自己没吃过的东西，
并操心种树的事儿。

你想和谁去种棵树？

索　引

敬告图片·版权所有者

为保证《非标准的建筑拆解书（妙趣脑洞篇）》的图书质量，作者在编写过程中，与收入本书的图片版权所有者进行了广泛的联系，得到了各位图片版权所有者的大力支持，在此，我们表示衷心的感谢。但是，由于一些图片版权所有者的姓名和联系方式不详，我们无法与之取得联系。敬请上述图片版权所有者与我们联系（请附相关版权所有证明）。

电话：024-31314547
邮箱：gw@shbbt.com